“十三五”普通高等教育本科系列教材

ANQUAN YONGDIAN JINENG SHIXUN

安全用电技能实训

编著　时慧喆　李学华　贝广霞

中国电力出版社
CHINA ELECTRIC POWER PRESS

内 容 提 要

本书分为安全用电实训基础，仪器、仪表的实训与操作，安全用电实训三大部分，共16个实训项目。每个实训项目分别介绍了实训目的、实训设备、实训内容以及实训报告等内容。

本书可作为高等学校相关专业安全用电技能实训的教程，也可供工程技术人员参考使用。

图书在版编目（CIP）数据

安全用电技能实训/时慧喆，李学华，贝广霞编著．—北京：中国电力出版社，2019.9（2026.1重印）

“十三五”普通高等教育本科规划教材

ISBN 978-7-5198-3482-1

Ⅰ．①安…　Ⅱ．①时…　②李…　③贝…　Ⅲ．①安全用电－高等学校－教材　Ⅳ．①TM92

中国版本图书馆CIP数据核字（2019）第168960号

出版发行：中国电力出版社
地　　址：北京市东城区北京站西街19号（邮政编码100005）
网　　址：http://www.cepp.sgcc.com.cn
责任编辑：周巧玲（010-63412539）
责任校对：黄　蓓　闫秀英
装帧设计：赵姗姗
责任印制：吴　迪

印　　刷：固安县铭成印刷有限公司
版　　次：2019年9月第一版
印　　次：2026年1月北京第十一次印刷
开　　本：787毫米×1092毫米　16开本
印　　张：4
字　　数：89千字
定　　价：12.00元

前　言

随着社会的发展与科技的进步，电能在工业生产和人们日常生活中的重要性日益增加，是现代社会不可缺少的动力来源。电的使用具有两面性，使用得当，能给人们带来很大的益处；若使用不当，则会造成危险。因此，掌握安全用电的基本知识非常重要。

工程实训是工科类学生教学中的重要实践环节，在注重培养学生传统加工工艺与现代加工工艺的理论与实践素养的同时，也要注重对学生安全用电技能方面的培养，使学生树立正确的安全用电观念，为日后的工作和生活打下良好的基础。

在要求综合素质全方面发展的今天，学生单纯精通所学专业的内容已经不能满足社会对人才更高层次的要求，安全用电技能实训已成为工程实训的重要环节之一。

本书是基于目前实训中心使用的安全用电技能实训装置的相关实训操作内容编写而成。本书分为安全用电实训基础，仪器、仪表的实训与操作，安全用电实训三大部分，共16个实训项目。每个实训项目分别介绍了实训目的、实训设备、实训内容以及实训报告等内容。

本书由山东科技大学时慧喆、李学华、贝广霞编著。

在本书的编写过程中，参考了实训设备所带的资料，在此表示感谢。

由于编者水平所限，书中难免有疏漏之处，恳请广大读者提出宝贵的意见和建议，以便进一步修改和完善，在此表示衷心的感谢。

编　者

2019.5

实 训 须 知

（1）实训前要认真阅读本实训教程所讲内容，了解实训目的、实训内容及步骤，实训时仔细听取指导教师对相关内容的讲解及操作步骤，实训后认真完成实训报告。

（2）实训过程中遇到问题时，可结合指导教师的讲解和实训教程的相关内容进行思考，勤动脑多动手，培养独立分析问题解决问题的能力。

（3）爱护实训设备，正确使用实训设备，注意人身和设备安全，实训过程中遇有故障要及时向指导教师报告，妥善处理；实训结束后将相关设备、实训仪器和配套器件整理好。

（4）注意卫生，不准吸烟，乱扔杂物，维持良好秩序；禁止坐在实训台上休息、吃东西或做与实训无关的事情，保持实训台的干净整洁。

（5）认真完成每个实训项目后的实训报告，实训报告是对实训中所得到的数据、现象等成果的归纳、总结，必须认真完成。实训报告要求学生独立完成，不准抄袭，否则没有分数；本实训报告要按时交给指导教师批阅。

目　录

第I部分 安全用电实训基础

安全用电包括供电系统安全、用电设备安全和人身安全三个方面，它们之间具有紧密联系。电是现代化生产和生活中不可缺少的重要能源，若使用不当，供电系统故障可能导致用电设备损坏或人身伤亡事故，而用电事故也可能导致局部或大范围停电，给生产或生活带来重大损失，因此要重视安全用电。

实训1 用电安全常识

1.1 安全电压

交流工频安全电压的上限值，在任何情况下两导体间或任一导体与地之间都不得超过50V。我国的安全电压的额定值为42V、36V、24V、12V、6V。手提照明灯、危险环境的携带式电动工具，应采用36V安全电压，金属容器内、隧道内、矿井内等工作场合，狭窄、行动不便及周围有大面积接地导体的环境，应采用24V或12V安全电压，以防止因触电而造成的人身伤害。

1.2 防止触电的技术措施

1. 绝缘

绝缘是用绝缘材料把带电体封闭起来。陶瓷、玻璃、云母、橡胶、木材、胶木、塑料、布、纸、矿物油等都是常用的绝缘材料。常用的安全用具有绝缘手套、绝缘靴和绝缘棒三种。

（1）绝缘手套。绝缘手套由绝缘性能良好的特种橡胶制成，有高压和低压两种。操作高压隔离开关、油断路器等设备，在带电运行的高压电气设备和低压电气设备上工作时，可以预防接触电压。

（2）绝缘靴。绝缘靴也是由绝缘性能良好的特种橡胶制成，带电操作高压或低压电气设备时防止跨步电压对人体的伤害。

（3）绝缘棒。绝缘棒又称绝缘杆、操作杆或拉闸杆，用电木、胶木、塑料、环氧玻璃布棒等材料制成。结构图如图1-1所示，主要包括工作部分、绝缘部分、握手部分和保护环。

应当注意：很多绝缘材料受潮后会丧失绝缘性能，或在强电场作用下会遭到破坏而丧失绝缘性能。

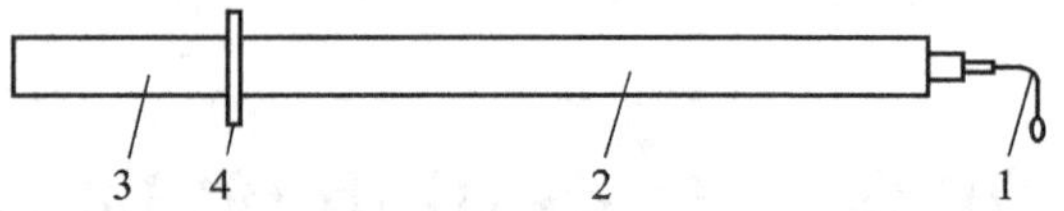

图 1-1 绝缘棒结构

1—工作部分；2—绝缘部分；3—握手部分；4—保护环

2. 屏护

屏护是采用遮栏、护罩、护盖、箱匣等带电体同外界隔绝开来，用来防止直接触电的措施。例如，铁壳开关、磁力起动器、电动机的金属外壳、断路器的塑料外壳等，在公共场所的变配电装置都要设遮栏作为屏护。

电气开关的可动部分一般不能使用绝缘，而需要屏护。高压设备不论是否有绝缘，均应采取屏护。

3. 间距

间距又称为安全距离，是指为防止发生触电事故或短路故障而规定的带电体之间、带电体与地面及其他设施之间、工作人员与带电体之间必须保持的最小距离或最小空气间隙。间距大小主要是根据电压高低、设备状态和安装方式来确定的，并在规程中做出明确的规定（见表 1-1）从事电气设计、安装、巡视、维修及带电作业的人员，都必须严格遵守。

表 1-1 人体与带电设备之间的安全距离

电压等级（kV）	安全距离（m）	
	无遮栏	有遮栏
1 及以下	0.10	—
10	0.70	0.35
35	1.00	0.60
110	1.50	1.50
220	3.00	3.00
330	4.00	4.00
500	5.00	5.00

间距除用于防止触及或过分接近带电体外，还能起到防止火灾、防止混线、方便操作的作用。在低压工作中，最小检修距离应不小于 0.1m。

1.3 电击与电伤

触电泛指人体触及带电体。触电时电流会对人体造成不同程度的伤害。触电事故可以分为电击和电伤两类。

1. 电击

电击是指电流通过人体时，破坏人的心脏、神经系统、肺部等的正常工作而造成的伤害。它可以使肌肉抽搐，内部组织损伤，造成发热发麻、神经麻痹等，甚至引起昏迷、窒息、心脏停止跳动而死亡。触电死亡大部分事例是由电击造成的。人体触及带电的导体、漏电设备的外壳或其他带电体，以及由于雷击或电容放电，都可能导致电击。

2. 电伤

电伤是指电流的热效应、化学效应、机械效应作用对人体造成的局部伤害，它可以是电流通过人体而直接引起的，也可以是电弧或电火花引起。电伤包括电弧烧伤、烫伤、电烙印、皮肤金属化、电气机械性伤害、电光眼等不同形式的伤害，其临床表现为头晕、心跳加剧、出冷汗或恶心、呕吐，以及皮肤烧伤处疼痛。

1.4 触 电 形 式

1. 单相触电

人体某一部位触及一相线带电体，电流通过人体流入大地，通过大地回流至上一级变压器中性点接地，称为单相触电，如图 1-2 所示。单相触电时人体承受的最大电压为相电压。单相触电的危险程度与电网运行的方式有关。在电源中性点接地系统中，由于人体电阻远大于中性点接地电阻，电压几乎全部加在人体上；而中性点不直接接地系统中，正常情况下电源设备对地绝缘电阻较大，通过人体的电流较小。所以，一般情况下，中性点直接接地电网的单相触电比中性点不直接接地的电网危险性大。

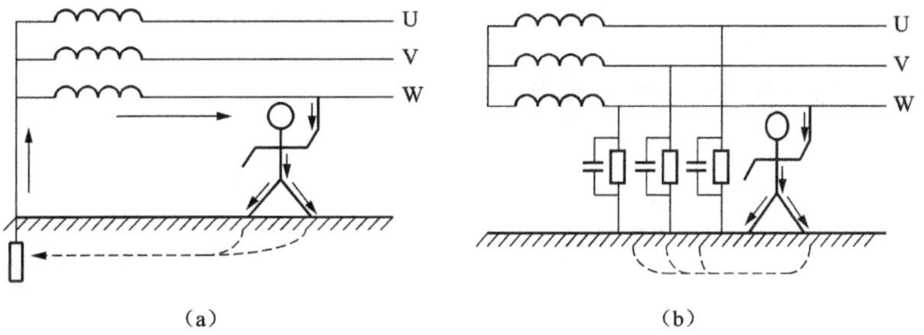

图 1-2 单相触电

(a) 中性点直接接地；(b) 中性点不直接接地

2. 两相触电

人体的两处部位同时触及两相带电体称为两相触电，如图 1-3 所示，两相触电加在人体上的电压为线电压，其危害性最大。

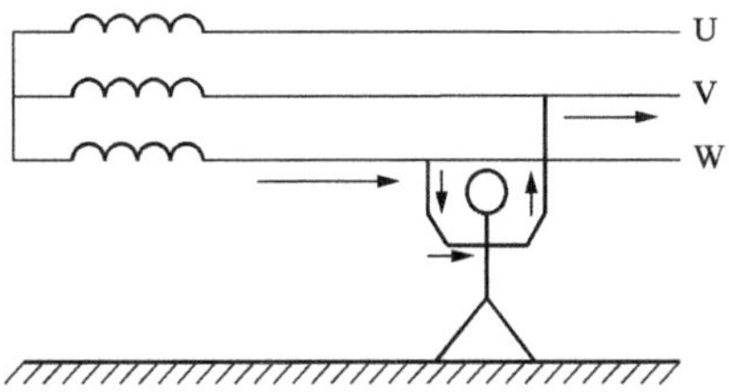

图 1-3 两相触电

1.5 实训报告

（1）为什么中性点接地的系统比中性点不接地的系统触电的危害更大？

（2）什么是两相触电？为何其危害最大？

（3）决定触电伤害程度的因素有哪些？

（4）叙述绝缘材料的电气性能产生老化或遭到破坏的原因。

实训 2　用电的人身安全与急救

2.1　人体触电的原因

不同场合引起人体触电的原因也不同，根据日常用电情况，触电原因主要有以下几点：

（1）线路架设不合规格。例如，采用一线一地制的违规线路架设，接地线被拔出、线路发生短路或接地端接地不良；室内导线破旧、绝缘损坏或敷设不合规格；无线电设备的天线、广播线、通信线与电力线距离过近或同杆架设；电气修理工作台布线不合理，绝缘线被电烙铁烫坏等。

（2）用电设备不合要求。例如，家用电器绝缘设备损坏、漏电，外壳无保护接地，或者保护接地接触不良；开关、插座外壳破损或相线绝缘老化；照明电路或家用电器接线错误，致使灯具或机壳带电等。

（3）电工操作制度不严格、不健全。例如，带电操作、冒险修理或盲目修理且未采取确实安全措施；停电检修电路时刀闸开关上未挂“警告牌”，其他人员误合刀闸开关；使用不合格的安全工具进行操作等。

（4）违反布线规程。例如，在室内乱拉电线；未切断电源就去移动灯具或家用电器；用水冲刷电线和电器或用湿布擦拭，引起绝缘性能降低；随意加大熔丝规格或任意用铜丝代替，致使失去保护作用等。

2.2　触电急救方法

一旦发生触电事故，需要对触电者进行有效的急救。所谓有效，就是抢救迅速，并要求抢救方法正确。

首先应就近断开开关或切断电源，也可用干燥的绝缘物体作为工具使触电者与电源分离。若触电者紧握电线，可将绝缘物（如干燥的木板等）垫入其身下，以隔断触电电流；也可用带绝缘柄的电工钳或有干燥木柄的斧头切断电源线。同时要注意自身安全，避免发生触电。

现场急救将触电者脱离电源后，应视触电情况进行急救处理。

（1）若触电者尚未失去知觉，感觉心慌、四肢麻木、全身无力或一度昏迷，但很快恢复知觉，则应让其静卧，注意观察，并请医生前来诊治。

（2）若触电者呼吸停止，但有心跳，应该采用人工呼吸法抢救，方法如下：

1）首先把触电者移动到空气流通的地方，最好放在平直的木板上，使其仰卧，不可用枕头。然后将触电者的头侧向一边，掰开嘴，清除口腔中的杂物、假牙等，如果舌根下陷应将其拉出，使呼吸道畅通。同时解开其衣领，松开上身的紧身衣物，使胸部可以自由扩张。

2）抢救者应位于触电者一侧，用一只手紧捏触电者的鼻孔，并用手掌的外缘压住其外部，扶正头部位令鼻孔朝天；另一只手托住触电者的颈后，将颈部略向上抬，以便接受吹气。

3）抢救者做深呼吸，然后紧贴触电者的口腔，对口吹气约 2s，同时观察其胸部是否有扩张，以判断吹气是否合适有效。

4）吹气完毕，立即离开触电者的口腔，并放松其鼻孔，使触电者胸部自然恢复，时间约 3s，以利其呼气。

按上述步骤不断进行，每 5s 一次，如图 2-1 所示。如果触电者张口有困难，可用口对准其鼻孔吹气，效果与上述方法相近。

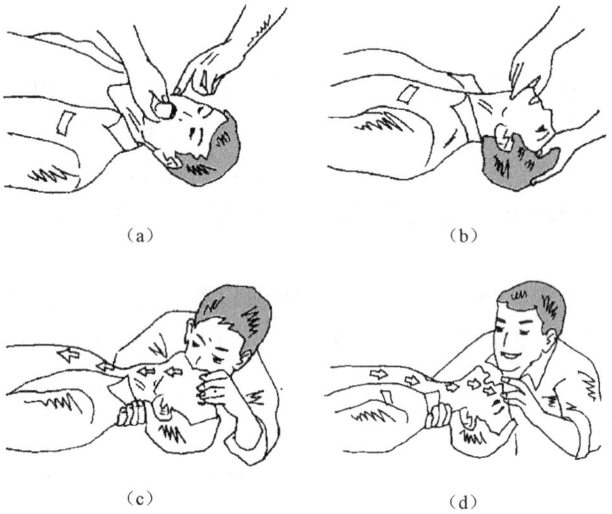

图 2-1 口对口人工呼吸法

（a）清除口腔异物；（b）让头后仰；（c）贴嘴吹气；（d）放开嘴鼻换气

（3）若触电者心跳停止但有呼吸，应用人工胸外心脏按压法抢救，方法如下：

1）使触电者仰卧，姿势与人工口对口呼吸法相同，但后背着地处应结实。

2）抢救者骑在触电者的腰部，两手相叠，将掌根置于触电者胸骨下端部位，即中指指尖置于其颈部凹陷的边缘，掌根所在的位置即为正确的按压区。然后自上而下直线均衡地用力向脊柱方向按压，使其胸部下陷 3～4cm，可以压迫心脏使其达到排血的作用。

3）令按压到位的手掌突然放松，但手掌不要离开胸膛壁，依靠胸部的弹性自动恢复原状，使心脏自然扩张，大静脉中的血液就能回流到心脏中来。

按照上述步骤不断进行，每秒一次，每分钟约 60 次，如图 2-2 所示。按压时定位要准确，压力要适中，不要用力过猛，避免造成肋骨骨折、气胸、血胸等；但也不能用力过小，达不到按压目的。

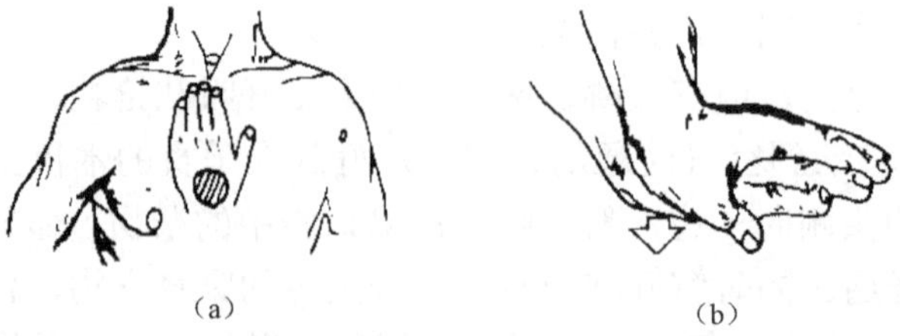

图 2-2 胸外心脏按压法（一）

（a）手掌位置；（b）左手掌压在右手掌上

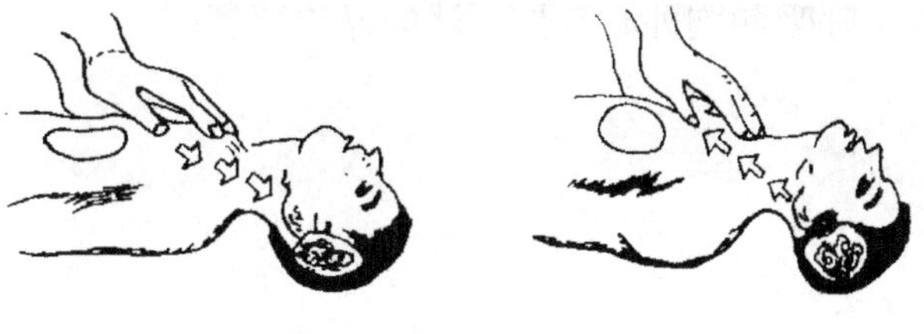

（c）　　　　　　　　（d）

图 2-2　胸外心脏按压法（二）

（c）掌根用力下压；（d）突然松开

（4）若触电者心跳、呼吸都已停止，需同时进行胸外心脏按压法与口对口人工呼吸，配合的方法是：做一次口对口人工呼吸后，再做四次胸外心脏按压法。

在抢救过程中，要不停顿地进行，使触电者恢复心跳和呼吸。同时要注意，切勿滥用药物或搬动、运送，应立即请医生前来指导抢救。

2.3　实　训　报　告

（1）如何做到使触电者与电源脱离？应注意的事项有哪些？

（2）触电者与电源脱离后，如何进行现场急救？

（3）简述口对口人工呼吸和胸外心脏按压法的操作要领。

（4）在抢救触电病人时，应注意哪些事项？

实训 3 设备安全与保护

为了防止触电事故的发生，工作人员必须严格遵守操作规程、正确安装使用设备或器材；同时，还应该采取保护接地、保护接零和漏电保护开关等安全措施。

3.1 保 护 接 地

在正常情况下，将电气设备不带电的金属外壳和埋入地下并与其周围土壤良好接触的金属接地体相连接，称为保护接地，如图 3-1 所示。图 3-1 中，R_d为接地电阻，它等于接地体对地电阻和接地线电阻之和，根据规定对 1000V 以下的系统，R_d一般不大于 4Ω。

当电气设备绝缘损坏或因漏电使电气设备的金属外壳带电时，如果金属外壳没有保护接地，则外壳电压为电源相电压。采取保护接地后，因电阻 R_d很小，故金属外壳的电位应接近地电位，漏电电流绝大部分经过接地导体流入大地，通过人体的电流几乎为零，避免了触电的危险。

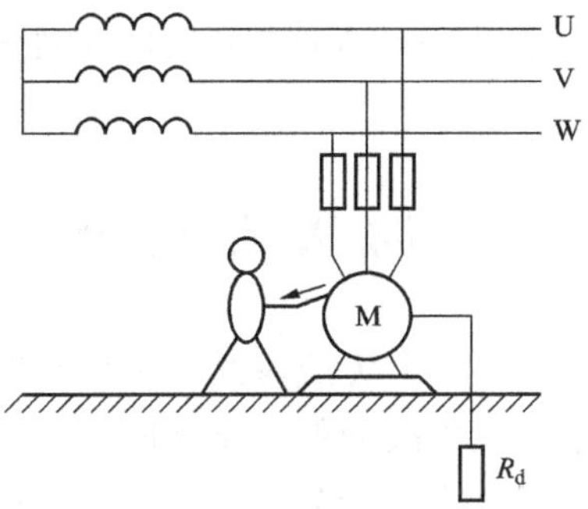

图 3-1 保护接地

3.2 保 护 接 零

保护接零就是将电气设备在正常情况下不带电的金属外壳接到三相四线制电源的零线（中性线）上，如图 3-2 所示。当电气设备某一相的绝缘损坏而与外壳相碰时，就形成了单相短路，该保护装置便开始动作（如熔断器的熔丝熔断），因而外壳不再带电。保护接零导线中不允许安装熔断器。

保护接零适用于中性点接地的三相四线制供电系统。但在三相四线制不平衡负载系统中，由于零线上的电流不为零，因而使零线对地电位不为零。为了使保护更为安全可靠，有时专门从电源中性点引出一条零线用于保护接零。此时应将设备外壳接在这条保护零线上，这种供电系统有三条相线、一条工作零线和一条保护零线，称为三相五线制。

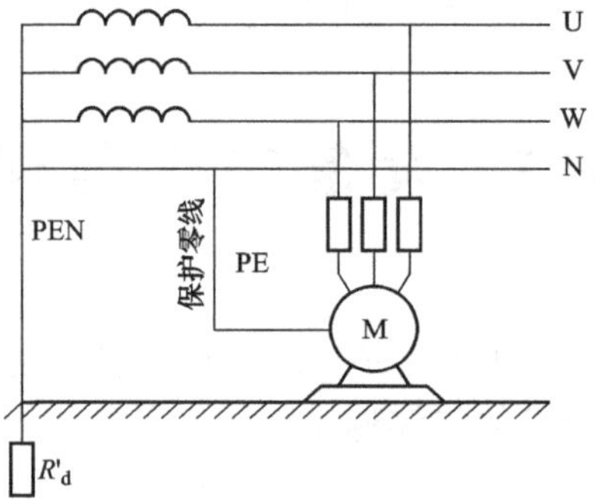

图 3-2 保护接零

3.3 漏电保护装置

保护接地和保护接零一般可以有效地防止触电，但仍不可能保证绝对安全，最好采用漏电保护开关进行防范。国家标准规定，凡手持电动工具、移动电器的工作人员，均需配有漏电开关，以确保安全。低压用电单位在电源进线处安装漏电保护开关可以有效防止触电事故。

漏电开关的额定电流可以根据负荷的大小选择，其漏电电流整定值选得越小则越安全。但是选得太小时，灵敏度却太高，如果开关动作频繁会影响正常供电和开关寿命，通常选用工作电流为 30～50mA、动作时间为 0.1s 的漏电开关。比较危险的工作场所最好选择工作电流为 10～30mA 的漏电开关。

3.4 防火和防爆

电气设备发生故障时，很容易造成火灾或爆炸。电器线路、开关、熔丝、照明器具、电动机、电炉、电热器具等设备在出现事故或使用不当时，会产生电火花、电弧，或致使发热量大大增加。当这些电气设备与可燃物体接触时，就会引起火灾。电力变压器、互感器、电力电容器等电气设备，除了可能引起火灾以外，还可能导致爆炸。

火灾、爆炸的主要原因是电气设备内部出现短路、电气设备严重过载、电路中的触点接触不良，电气设备或线路的绝缘损坏或老化、电气设备中的散热部件或通风设施损坏。

对于有火灾爆炸危险的场所，在选用和安装电气设备时，应选用合理的类型，例如防爆型、密封型、防尘型等。为了防止火灾或爆炸的发生，应严格遵守安全操作规程和有关规定，确保电气设备的正常运作；要定期检查设备，排除事故隐患；要确保通风良好，采用耐火材料及良好的保护装置等。

3.5 静电的防护

静止的电荷称为静电，积累的电荷越多电位也就越高。绝缘物体之间相互摩擦会产生静电，但日常生活中的静电现象一般不会造成危害。

工业上有不少场合会产生静电，例如石油、塑料、化纤、纸张等在生产过程或运输过程中，由于固体物质的摩擦、气体和液体的混合及搅拌等都可能产生和积累静电，静电电压有时可高达几万伏。高的静电电压不仅会给工作人员带来危害，而且当发生静电放电形成火花时，可能引起火灾和爆炸，如矿井静电引起瓦斯爆炸等。

为了防止因静电发生火灾，基本的方法是限制静电的产生和积累，防止静电放电而引起的火花。常用的措施如下：

（1）限制静电的产生。如可减小摩擦，防止传动皮带打滑，降低气体、粉尘和液体的流速。

（2）给静电提供转移和泄漏途径。例如，尽量用导电材料制造容易产生静电的零件，在非导电物质（橡胶、塑料、化纤等）中掺入导电物质，适当增加空气的相对湿度等。

（3）利用异极性电荷消除静电。

（4）采用防静电接地。

除以上措施外，在静电危险场所工作的人员要穿防静电的衣服和鞋子，不要穿容易产生静电（如用腈纶、尼龙等缝制）的衣裤、鞋袜等。

3.6 实 训 报 告

（1）简述保护接地、保护接零的目的、原理和适用场合。

（2）接地装置对接地体和接地线有何要求？

（3）如何预防和处置电火灾？

实训 4　安全用电技能实训装置介绍

安全用电技能实训装置（见图 4-1）由实训工作台和实训挂箱组成，实训挂箱可以装在实训工作台上，可以根据不同的实训项目选择不同的实训挂箱来完成实训内容。

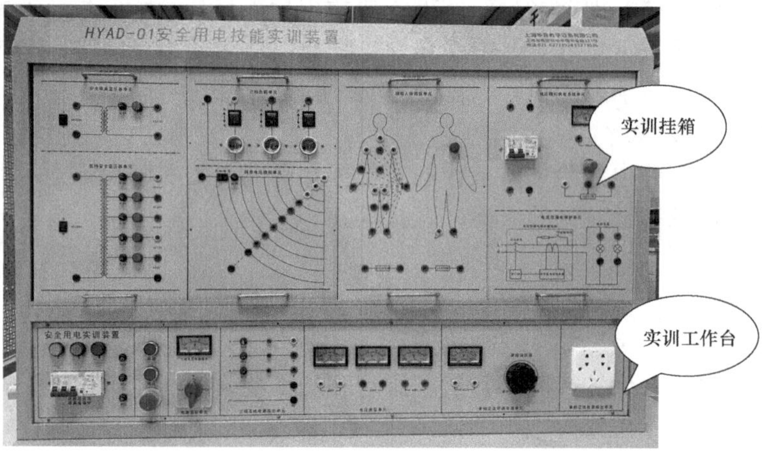

图 4-1　HYAD-01 安全用电技能实训装置

下面介绍本书实训项目所使用的各功能区域。

（1）三相五线电源输出单元（见图 4-2）。用于在实训中向用电回路的供电，可提供 220V 和 380V 两种电压等级，使用前应检查急停旋钮是否处在正常状态；检查保险座中的保险管是否有烧断的情况，如果发现有保险管烧断的情况应及时告知指导教师进行更换。

图 4-2　三相五线电源输出单元

（2）实训挂箱一安全隔离变压器单元（见图 4-3）。

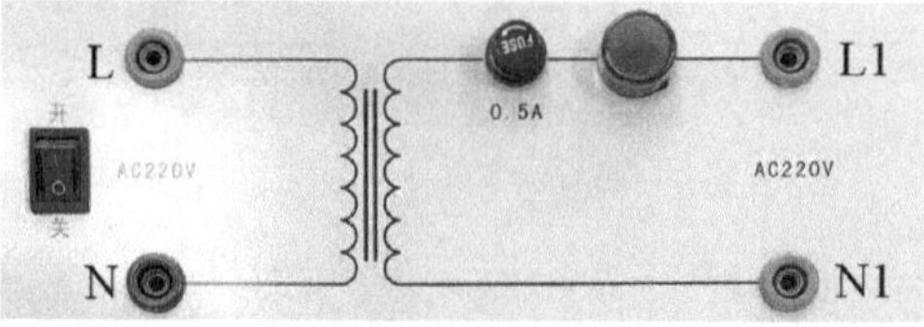

图 4-3　安全隔离变压器电源

（3）实训挂箱一安全变压器单元（见图 4-4）。

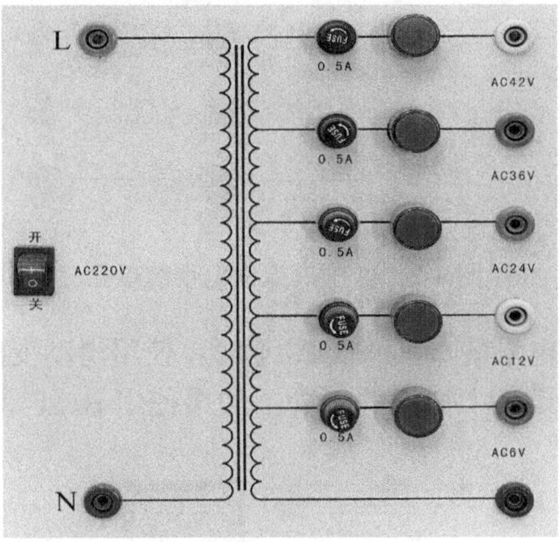

图 4-4　安全变压器单元

（4）实训挂箱二三相负载单元（见图 4-5）。所提供的负载为节能灯，在安装节能灯时，不能将节能灯拧得过紧，避免造成灯座中螺口的损坏。

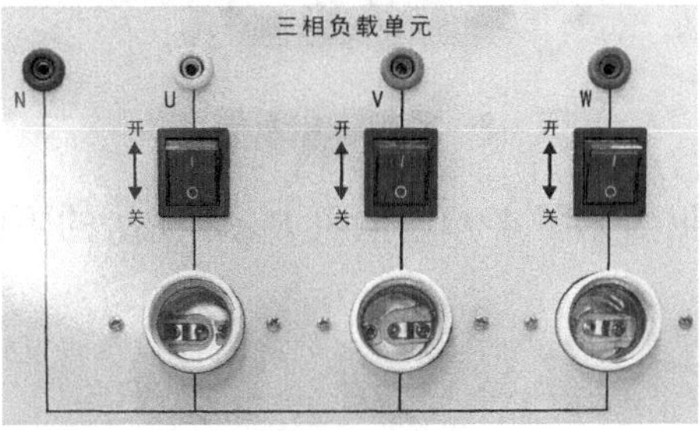

图 4-5　三相负载单元

（5）实训挂箱二模拟跨步电压单元（见图 4-6）。

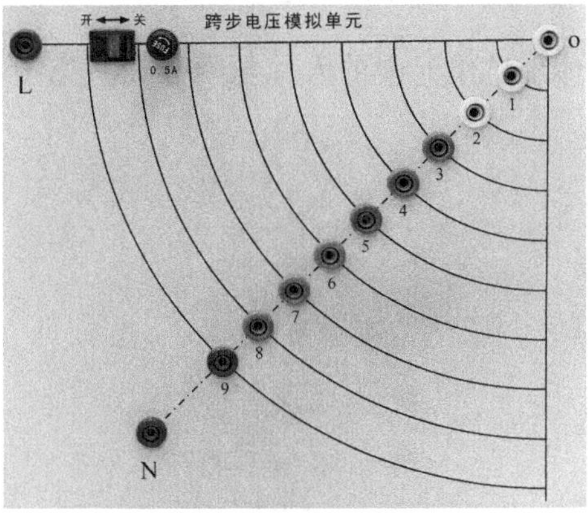

图 4-6　模拟跨步电压单元

（6）实训挂箱三低压模拟供电系统单元（见图 4-7）。

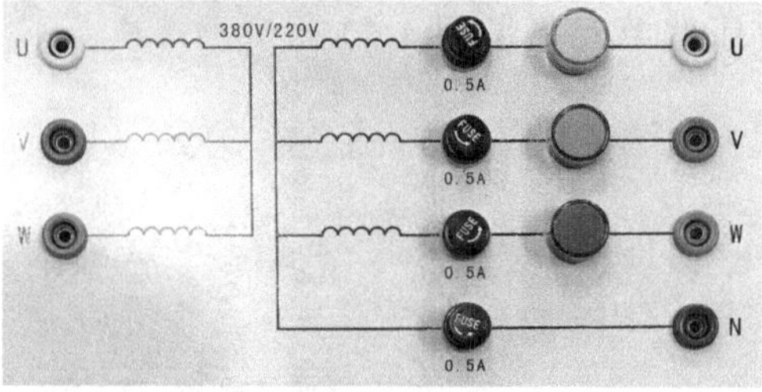

图 4-7　低压模拟供电系统单元

（7）实训挂箱四模拟供电系统单元（见图 4-8）。使用滑动变阻器时，如果使用 A、B 两端，滑动变阻器阻值变化与设备上标识的相同；如果使用 B、C 两端则与标识的相反。

图 4-8　模拟供电系统单元

（8）实训挂箱四定值电阻（见图 4-9）。电阻 R_{DE} 和 R_{FG} 的阻值为 4.7kΩ，功率为 50W。

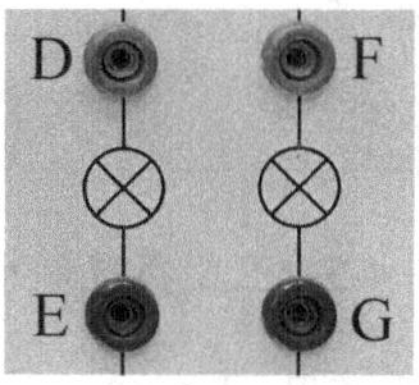

图 4-9　定值电阻

（9）实训挂箱五模拟人体阻抗单元中的人体电阻分布（见图 4-10）。

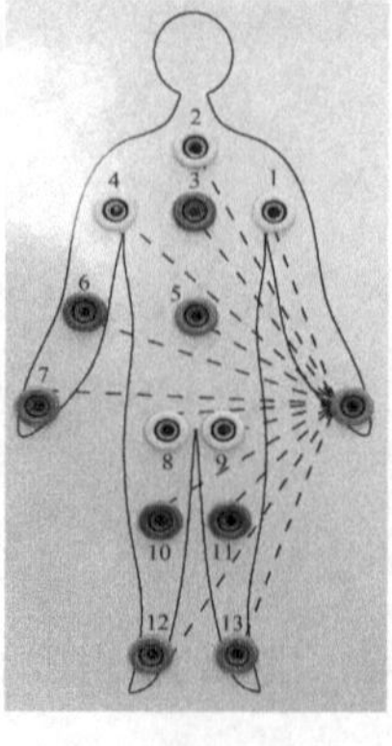

图 4-10　人体电阻分布

（10）实训挂箱五模拟人体电阻单元（见图 4-11）。

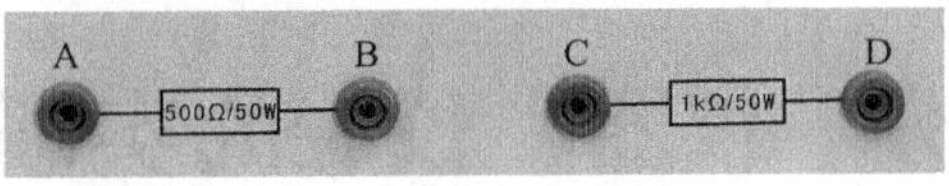

图 4-11　模拟人体电阻单元

（11）实训挂箱六模拟人体触电单元（见图 4-12）。

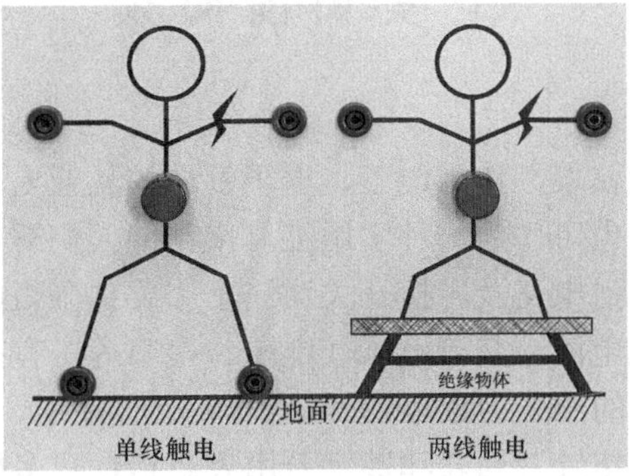

图 4-12　模拟人体触电单元

（12）实训挂箱七模拟设备漏电单元（见图 4-13）。

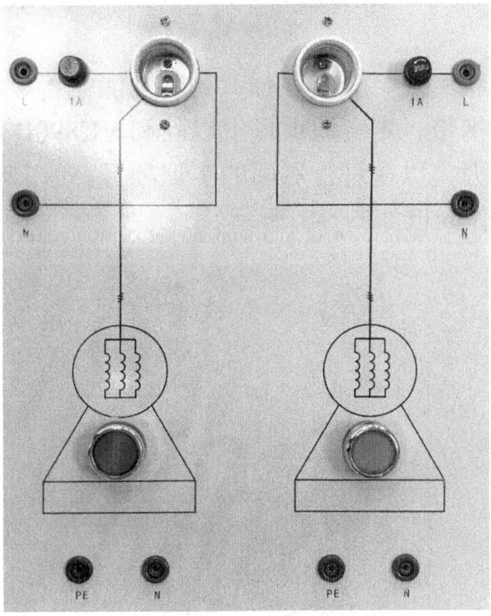

图 4-13　模拟设备漏电单元

第Ⅱ部分 仪器、仪表的实训与操作

实训 5 数字万用表的认识与操作

5.1 实 训 前 阅 读

万用表是最常见的测量仪表，作为电工、电子领域的从业人员必须正确掌握万用表的使用。在日常生活中，万用表也可作为一种实用工具来帮助人们解决一些生活中的关于电方面的问题。万用表由表头、测量电路及转换开关这三个主要部分组成。一般万用表可用来测量直流电流、直流电压、交流电流、交流电压、电阻、电容等，有的还可以测电感量、温度及半导体（二极管、三极管）的一些参数。

万用表按显示方式分为指针万用表和数字万用表。指针式多用表是一表头为核心部件的多功能测量仪表，测量值由表头指针指示读取。数字式万用表的测量值由液晶显示屏直接以数字的形式显示，读取方便，有些还带有语音提示功能。

数字万用表的测量过程由转换电路将被测量转换成直流电压信号，再由模/数（A/D）转换器将电压模拟量转换成数字量，然后通过电子计数器计数，最后把测量结果用数字直接显示在显示屏上。

数字万用表主要特点是精度高、分辨率强、测试功能完善、测量速度快，显示直观、过滤能力强、耗电量小，便于携带。本实训项目中以胜利 VC890D 数字万用表为例说明万用表的使用方法，要求要熟练掌握，以便进行后面的实训项目。

VC890D 数字万用表操作面板如图 5-1 所示。

图 5-1 VC890D 数字万用表操作面板

SELECT LIGHT/HOLD 键：数字保持选择键及灯光键。按下该键，显示屏将保持显示当前测量值，再次按键，则退出显示功能；若长按该键，显示屏背光灯亮起，再次长按，背景灯灭。

挡位旋钮：其作用是控制万用表的开关，选择测量项目和合适的量程。

“COM”插孔：公共输入端，用以插入黑表笔。

“V/Ω”插孔：电压、电阻测量输入端，测量时将红表笔插入该孔。

“mA”插孔：200mA 及以下电流测量输入端，测量时将红表笔插入该孔。

“20A”插孔：大于 200mA 电流测量输入端。

5.2 实 训 目 的

掌握使用万用表的正确方式，并可以正确测量电压、电流、电阻及进行电路通断检测等。

5.3 实 训 设 备

胜利 VC890D 数字万用表、干电池、电阻等。

5.4 实 训 内 容

1. 直流电压测量

直流电压测量的线路连接方法如图 5-2 所示。操作步骤如下：

（1）将红表笔插入“V/Ω”插孔，黑表笔插入“COM”插孔。

（2）将挡位旋钮置于“直流 2V”量程挡位，并将表笔并联到待测电源或负载上。测量时红表笔接“＋”，黑表笔接“－”。

（3）从显示屏上读取测量结果。

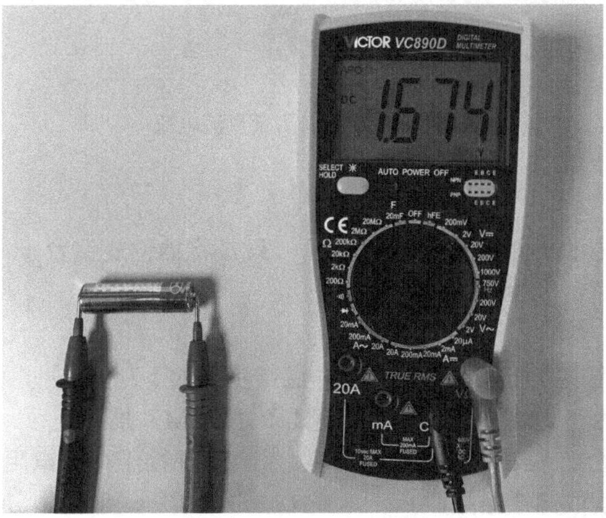

图 5-2 万用表测量直流电源电压

2. 交流电压测量

交流电压测量的方法类同于直流电压测量。操作步骤如下：

（1）将红表笔插入“V/Ω”插孔，黑表笔插入“COM”插孔。

（2）将挡位旋钮置于“V～”量程挡，并将测试表笔并联到待测电源或负载两端（不需要考虑正负极性）。

（3）从显示屏上读取测量结果。

3. 直流电流测量

直流电流测量的连接方法如图 5-3 所示。操作步骤如下：

（1）将红表笔插入“mA”或“20A”插孔（当测量 200mA 以下的电流时，插入“mA”插孔；当测量 200mA 以上的电流时，插入“20A”插孔），黑表笔插入“COM”插孔。

（2）将挡位旋钮置于“A－”挡位。

（3）切断电源，断开电路，将万用表串联在电路中。红表笔串联在高电位端，黑表笔串接在低电位端，即红表笔进、黑表笔出。

（4）接通电源，从显示屏上读取测量结果。

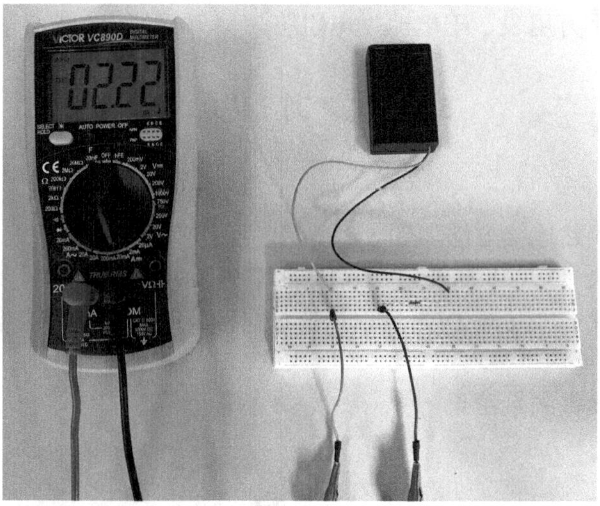

图 5-3 万用表测量直流电流

4. 交流电流测量

交流电流测量的方法类似于直流电流测量，只是将挡位旋钮置于“A～”量程挡位，测量时挡位不需要考虑正负极性。

5. 电阻测量

电阻测量的线路连接方法如图 5-4 所示。操作步骤如下：

（1）将红表笔插入“V/Ω”插孔，黑表笔插入“COM”插孔。

（2）将挡位旋钮置于“Ω”量程挡位，将测量表笔并接于待测电阻上。

（3）从显示屏上读取测量结果。

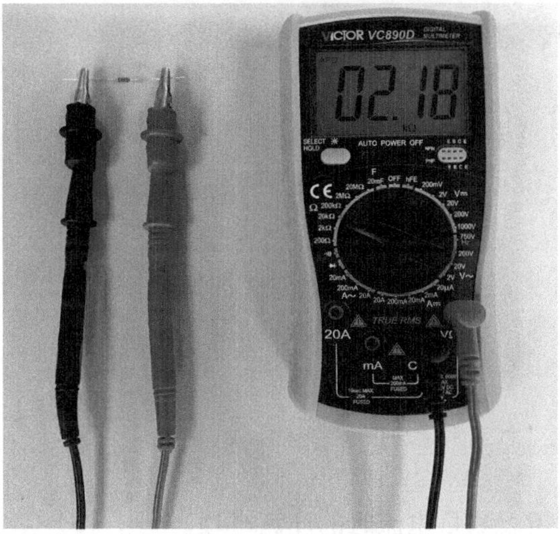

图 5-4　万用表测量电阻

5.5　实　训　报　告

（1）测量所给出的未知电阻、直流电压、交流电压的数值，并将测量结果填入表 5-1 中。

表 5-1　　**数字万用表实训测量表**

测量项目		万用表量程	测量值
电阻（Ω）	电阻 1		
	电阻 2		
	电阻 3		
	电阻 4		
电压（mA）	直流电压 1		
	直流电压 2		
	交流电压 1		
	交流电压 2		

（2）简述使用数字万用表测量电阻时，其量程的选择方式及注意事项。

（3）写出用数字万用表测量直流电压的方法与步骤。

（4）简述使用数字万用表测量电流时的注意事项。

实训 6　兆欧表的认识与操作

6.1 实 训 前 阅 读

电气设备正常运行的最基本条件之一就是其绝缘材料的绝缘程度，即绝缘电阻的数值。当受热和受潮时，绝缘材料老化，造成绝缘电阻降低，从而导致电气设备发生漏电或短路。为了避免事故发生，要求经常测量各种电气设备的绝缘电阻，判断其绝缘程度是否满足设备需要。普通电阻的测量通常有低电压下测量和高电压下测量两种方式。

绝缘电阻由于数值一般较高（一般为兆欧级），在低电压下的测量值不能反映在高电压条件下工作的真正绝缘电阻值。兆欧表（见图 6-1）大多采用手摇发电机供电，因而又称为摇表。它是电工常用的一种测量仪表，其刻度以兆欧（MΩ）为单位，主要用来检测电气设备、家用电器或电气线路对地及相间的绝缘电阻，以保证这些设备、电器和线路工作在正常状态，避免发生触电伤亡及设备损坏等事故。

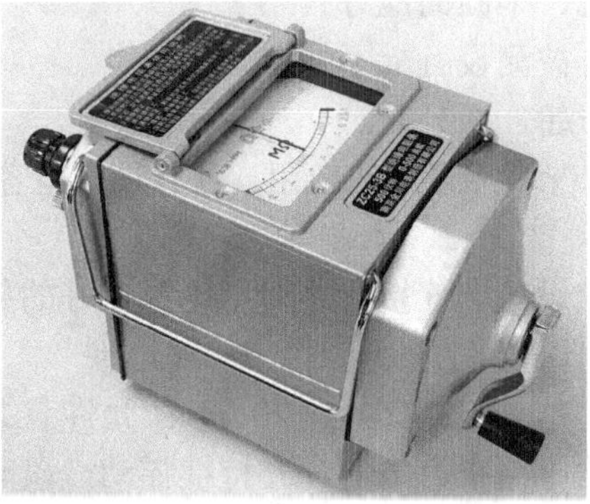

图 6-1　兆欧表

兆欧表的常用规格有 250V、500V、1000V、2500V 和 5000V，应根据被测电气设备的额定电压来选择。一般额定电压在 500V 以下的设备选用 500V 或 1000V 的兆欧表；额定电压在 500V 以上的设备选用 1000V 或 2500V 的兆欧表；而瓷瓶、母线、倒闸等应选 2500V 或 5000V 的兆欧表。

6.2 实 训 目 的

了解兆欧表的使用方法及操作过程的注意事项，掌握简单电气设备的绝缘电阻测量操作。

6.3 实 训 设 备

兆欧表，万用表，连接导线。

6.4 实 训 内 容

兆欧表在测量绝缘电阻时本身就有高电压电源，这就是它与测电阻仪表的不同之处。兆欧表用于测量绝缘电阻既方便又可靠。但是如果使用不当，将给测量带来不必要的误差，因此必须正确使用兆欧表对绝缘电阻进行测量。

1. 使用前的安全检查

（1）在使用之前应检查兆欧表连接线的绝缘层是否完好，有无破损的地方。

（2）检查兆欧表固定接线柱有无滑丝。

（3）开路试验：将兆欧表水平放置，将连接线开路，以 120r/min 的速度摇动摇柄。在开路试验中，指针应该指到∞处（在开路试验过程中双手不能触碰线夹的导电部分，试验完成后，两个线夹相互触碰放电）。

（4）短路试验：以 120r/min 的速度摇动摇柄，使 L 和 E 两接线端出现瞬时短接，短接试验中，指针应迅速指零。在短路试验中，注意在摇动手柄时不得让 L 和 E 短接时间过长；否则将损坏兆欧表。

2. 注意事项

（1）兆欧表须放置在平稳、牢固的地方。

（2）在摇动测量过程中，被测设备上不能有人工作。

（3）兆欧表线不能绞在一起，要分开。

（4）不可在设备带电的情况下测量绝缘电阻，且对具有电容的高压设备应进行放电（2～3min）。

（5）兆欧表与被测线路或设备的连接导线要用绝缘良好的单根导线，不能用双股绝缘线或绞线，避免因绝缘不良引起误差。

（6）摇动手柄的速度要均匀，一般规定为 120r/min，允许有 20%的变化。通常要摇动 1min 待指针稳定后再读数。若被测电路中有电容，先持续摇动一段时间，让兆欧表对电容充电，指针稳定后再读数；若测量中发现指针指零，应立即停止摇动手柄。

（7）在兆欧表未停止摇动前，切勿用手去触及设备的测量部分和兆欧表的接线柱。测量完毕后应对设备充分放电，否则容易引起触电事故。

（8）禁止在雷电时或邻近有高压导体的设备处使用兆欧表。只有在设备不带电且不可能受其他电源感应而带电的情况下方可进行测量。

3. 接线方法

兆欧表上有 E（接地）、L（线路）、G（保护环或屏蔽端子）三个接线端。

（1）相线对地电路绝缘电阻接线。将兆欧表 L 端与被测端相连，E 端与地相连，如图 6-2 所示；以 120r/min 的匀速摇动兆欧表 1min，读取表指针稳定的数值。

（2）电缆的缆芯对电缆皮的绝缘电阻测量接线。除将缆芯和电缆皮分别接于兆欧表 L 和 E 端外，还须将电缆皮与缆芯之间的内层绝缘物接于 G 端，以消除因表面漏电而引起的误差，如图 6-3 所示；以 120r/min 的匀速摇动兆欧表 1min，读取表指针稳定的数值。

（3）电机绕组对地绝缘电阻测量接线。将兆欧表 L 端与电机绕组相连，机壳接于 E 端，如图 6-4 所示；以 120r/min 的匀速摇动兆欧表 1min，读取表指针稳定的数值。

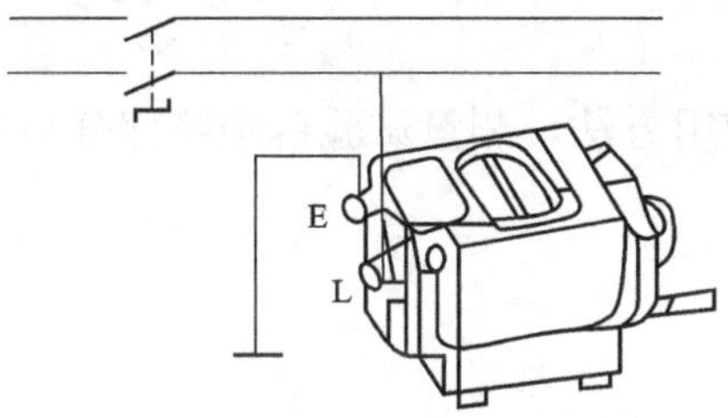

图 6-2　电路绝缘测量方法

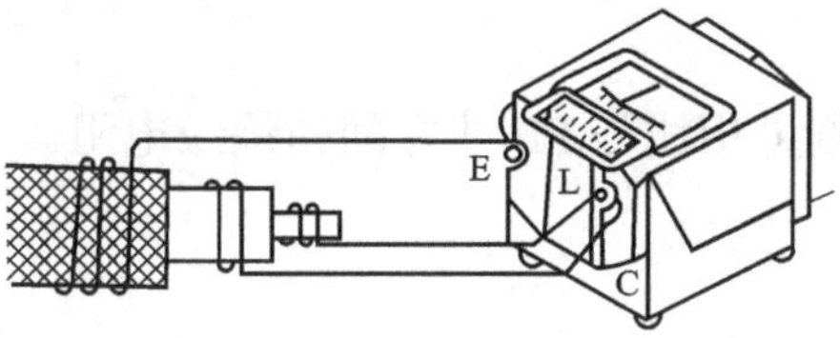

图 6-3 电缆绝缘测量方法

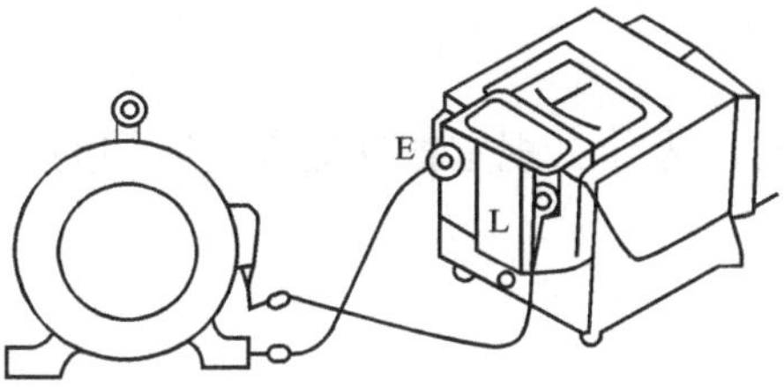

图 6-4　电机绝缘测量方法

（4）电动机绕组与绕组之间绝缘电阻测量接线。将兆欧表 L 端和 E 端分别接到电动机的两相绕组上，如图 6-5 所示；以 120r/min 的匀速摇动兆欧表 1min，读取表指针稳定的数值。低压电动机绝缘要求 380V 的为 0.5MΩ 及以上，220V 的为 0.22MΩ 及以上。

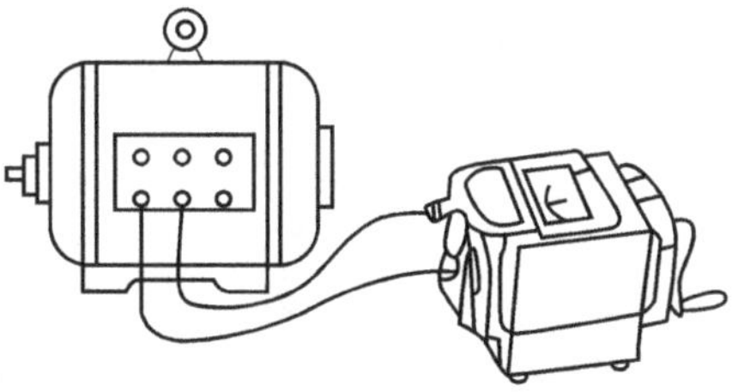

图 6-5　电机绕组绝缘测量方法

6.5 实训报告

（1）按照上述的兆欧表使用方法，测量试验台绝缘部分与PE端之间的绝缘电阻。

（2）在断电的情况下，测量相线与PE线之间的绝缘电阻。

（3）用兆欧表测量绝缘时，为什么规定摇动测量的时间为1min？

实训 7　安全隔离变压器的认识及安全原理

7.1 实 训 前 阅 读

隔离变压器与普通变压器一样，是根据电磁感应原理工作的，但还需满足以下条件：

（1）变压器一次侧和二次侧的变比为 1:1（但非全部）。

（2）变压器的一次侧绕组和二次侧绕组之间需要加强绝缘，在通电工作时只能有磁耦合的联系，不能有电的直接联系。

（3）隔离变压器的功能是用于带电回路的隔离，确保电源和用电设备之间没有电联系。

（4）使用时，隔离变压器二次绕组带电部分严禁与大地连接或其他回路的带电部分、保护线连接，确保其二次侧回路呈“悬浮”状态。

7.2 实 训 目 的

通过实训，认识安全隔离变压器，了解安全隔离变压器的工作原理及其应用。

7.3 实 训 设 备

（1）三相五线电源输出单元，如图 4-2 所示。

（2）实训挂箱一安全隔离变压器单元，如图 4-3 所示。

（3）实训挂箱二三相负载单元，如图 4-5 所示。

（4）实训挂箱四模拟供电系统单元，如图 4-8 所示。

（5）连接导线若干，万用表，节能灯等。

7.4 实 训 内 容

（1）在所给实训设备上连接一个经隔离变压器的用电设备，以了解隔离变压器的使用方式，如图 7-1 所示。操作步骤如下：

1）将 220V 交流电从三相五线电源输出单元上接出，U、V、W 三个相线端任选其中一端连接到实训挂箱一安全隔离变压器一次侧 L 端，N 端（电源零线端）连接到隔离变压器一次侧 N 端；将安全隔离变压器二次侧 L1、N1 端分别连接到实训挂箱四模拟供电系统中空气开关的 L、N 端。

2）将挂箱四模拟供电系统中空气开关的 L1、N1 端分别连接到挂箱二三相负载其中任意一相负载（U、V、W 皆可）与 N 端（零线端），装上节能灯。

3）闭合三相五线电源输出单元上的电源总开关；按下启动按钮，将隔离变压器一次侧开关闭合；闭合低压模拟供电系统单元上的空气开关，打开三相负载端开关；观察节能灯能否点亮。

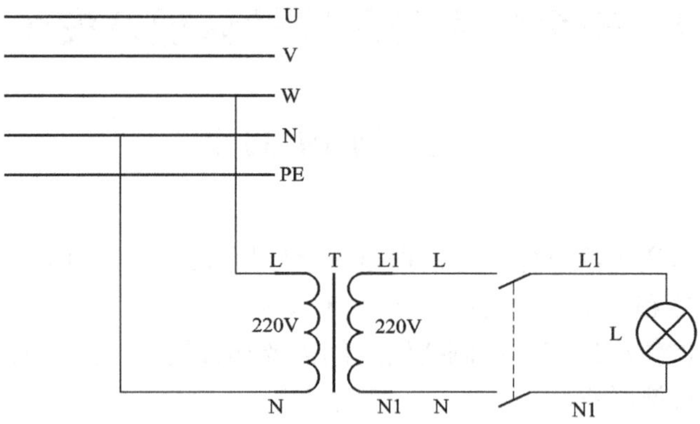

图 7-1 隔离变压器用电线路

（2）在已连接好的用电回路的基础上，在用电设备端做一个接地短路事故点，观察隔离变压器对事故点的保护作用，如图 7-2 所示。操作步骤如下：

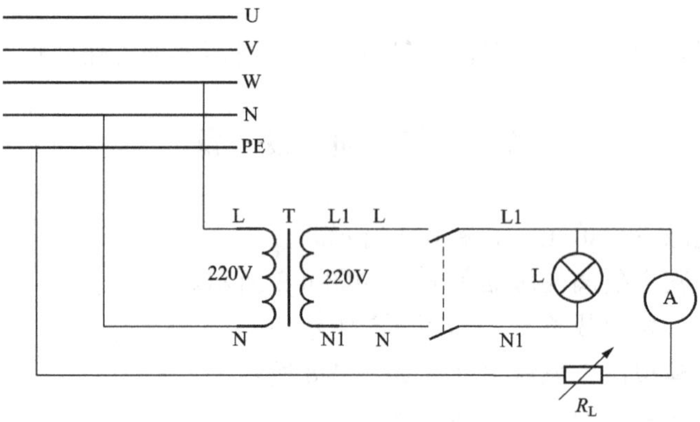

图 7-2 用电设备模拟接地事故

1）将一条导线叠加接入挂箱四模拟供电系统 L1 端，导线的另一端与万用表 mA 级电流端相连；将万用表 COM 端与滑动变阻器 A 端用连接导线相连；将万用表调至 20mA 交流电挡位；最后将滑动变阻器 B 端连接到三相五线电源输出单元的 PE 端。

2）启动电源，并调节滑动变阻器（滑动变阻器阻值须要由大到小调节），观测万用表所显示的电流值。

（3）将隔离变压器二次侧接地，观察接地前后接地短路事故点的电流情况，加深对隔离变压器的了解。操作步骤如下：

1）在断电的状态下，将隔离变压器二次侧 N1 端与三相五线的输出单元的 PE 端相连。

2）启动用电回路，无须调节滑动变阻器的阻值，观测万用表所显示的电流值。

7.5 实 训 报 告

（1）画出隔离变压器的原理图。

（2）简述隔离变压器的应用范围。

（3）根据图 7-3 中所给出的设备符号画线连接实训内容（3）中的线路图。

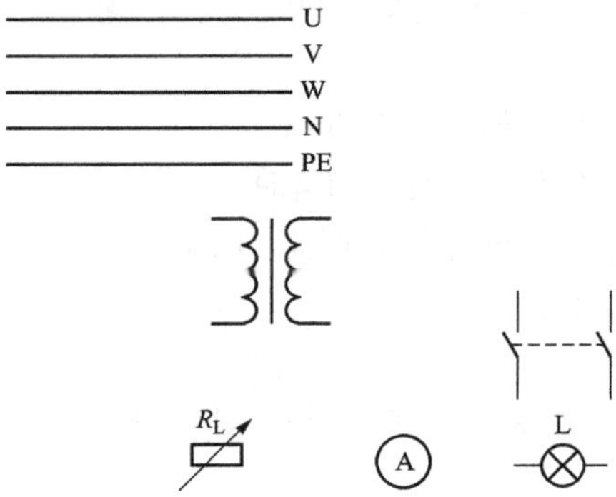

图 7-3　实训内容（3）所用设备符号图

（4）对比实训内容（2）和（3）中万用表观测到的电流数值，简述隔离变压器对人体的保护原理。

第Ⅲ部分 安全用电实训

实训8 安全电压的认识

8.1 实训前阅读

安全电压是指在人体不穿戴防护设备的情况下，短时间接触，不致使人直接致死或致残的电压。

根据 GB/T 3805—2008《特低电压（ELV）限值》规定，我国安全电压额定值的等级为 42V、36V、24V、12V、6V。一般环境条件下允许持续接触的安全特低电压是 36V；电击对人体的危害程度，主要取决于通过人体电流的大小和通电时间的长短。

8.2 实训目的

通过实训，简单认识安全电压，了解触电对人体造成的伤害与电流大小和时间的关系。

8.3 实训设备

（1）三相五线电源输出单元，如图 4-2 所示。

（2）实训挂箱一安全变压器单元，如图 4-4 所示。

（3）实训挂箱五模拟人体电阻单元，如图 4-11 所示。

（4）万用表，连接导线若干。

8.4 实训内容

（1）使用万用表分别测量安全变压器二次侧的 5 个安全电压输出端（42V、36V、24V、12V、6V，0V 为安全变压器二次侧电压参考点），得到安全电压的实际值，如图 8-1 所示。操作步骤如下：

1）将 220V 交流电从三相五线电源输出单元上接出，U、V、W 三个相线端选其中一端连接到实训挂箱一安全变压器单元一次侧 L 端，N 端（零线端）连接到安全变压器单元一次侧 N 端。

2）闭合电源总开关，按下启动按钮，将安全变压器一次侧开关闭合。

3）在二次侧使用万用表测量并记录安全变压器输出的 5 个等级安全电压的实际值。测量时，万用表黑色表笔接入变压器二次侧的公共端，红色表笔测量接入需要测量的输出端。

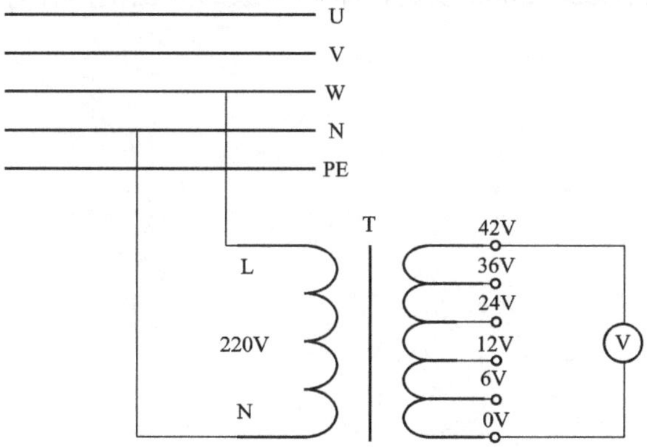

图 8-1　测量安全电压的实际值

（2）连接回路如图 8-2 所示，测量当 5 个等级（42V、36V、24V、12V、6V）的安全电压分别加载到人体电阻（500Ω 和 1000Ω）上时，流过人体电阻的电流值。以电压 42V、电阻 500Ω 为例，操作步骤如下：

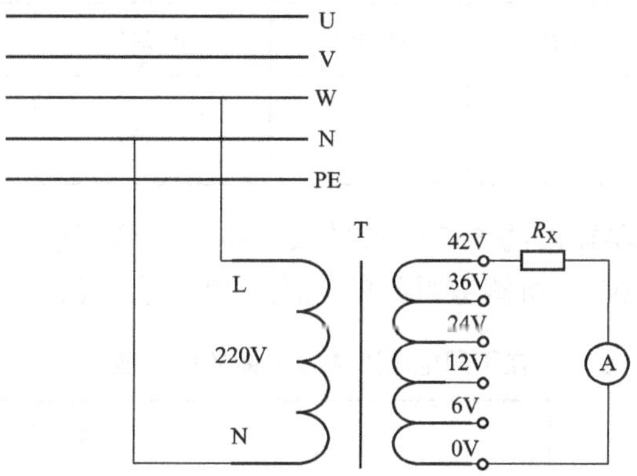

图 8-2　测量流过人体电阻的电流

1）将 220V 交流电从三相五线电源输出单元上接出，任选 U、V、W 三个相线端其中一端连接到实训挂箱一安全变压器单元一次侧 L 端，N 零线端连接到安全变压器单元一次侧 N 端。

2）将安全电压器二次侧的 42V 端用导线与 500Ω 人体电阻的 A 端连接起来，将 B 端与万用表 mA 级电流端连接起来，将万用表 COM 端与安全变压器二次侧公共端连接。

3）将万用表的挡位调至 200mA 交流电流挡位，闭合电源总开关，按下启动按钮，将安全变压器一次侧开关闭合；观测数字万用表上的电流值。

8.5 实训报告

（1）简述根据 GB/T 3805—2008 规定，不同等级的安全电压在什么情况下使用。

（2）在表 8-1 的中填写安全变压器输出端测量出的实际电压。

表 8-1 安全变压器输出电压的实际值

输出端	AC 42V	AC 36V	AC 24V	AC 12V	AC 6V
万用表测得的实际值（V）					

（3）将特低安全电压器输出的 5 个等级的安全电压，分别接至实训挂箱五模拟人体电阻单元中 500Ω、1000Ω 的电阻，将测量得到的电流数值记录在表 8-2 中。

表 8-2 在不同电压下流过人体的电流值 mA

电压（V） 电阻（Ω）	42	36	24	12	6
500					
1000					

（4）根据 IECTC64 文件所提供的曲线（见图 8-3），当人体接触一定大小的电流超过一定的时间时，就会引起非致命性的生理效应。这里说的“非致命性”是针对短时间接触而言。当人触电后，若由于痉挛而不能自主摆脱电源时，就会造成长时间接触，就有可能发生生命危险。

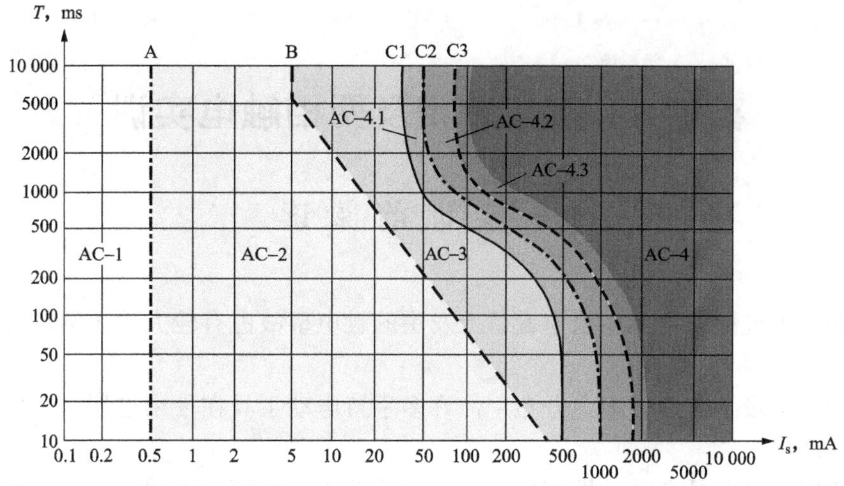

图 8-3 接触电流强度与时间长短对人体造成的影响

注：AC-1，无反应区；AC-2，感知电流区无有害生理反应；AC-3，非致命区会发生肌肉痉挛，呼吸困难，血压升高；AC-4-1，心脏颤动概率达 5%；AC-4-2，心脏颤动概率达 50%；AC-4-3，心脏颤动概率超过 50%；AC-4，可能发生致命的伤害的危险区。曲线 A，感知电流的阈值；曲线 B，肌肉发生痉挛的阈值；曲线 C1，不发生心脏颤动的阈值；曲线 C2，有 5%的概率发生痉挛的阈值；曲线 C3，有 50%的概率发生痉挛的阈值。

根据题目（3）中所测得的电流数据结合曲线图，分别简述在人体电阻为 500Ω 和 1000Ω 的情况下，当人接触不同等级的安全电压超过多长时，对人体所造成影响的情况。

实训9 模拟单相及两相触电实训

9.1 实训前阅读

在日常的用电过程中，单相用电设备上发生的触电事故占有较大的比例，主要原因有以下几点：

（1）单相用电设备数量较多，分布广，许多手持电动工具在使用过程中直接与操作者接触，触电概率增加。

（2）单相用电设备具有移动性好的特点，由此造成工作环境不固定，运行条件差，绝缘易损坏，增加了触电的可能性。

（3）单相用电设备不便于集中管理，这也促使了不安全因素的产生。

（4）用电人员缺乏安全用电的常识，特别是有些人误认为单相用电设备的电压比三相用电设备的电压安全，使用过程中存有侥幸心理，更是引发事故的重要原因。

作为人体的另一种触电形式，两相触电一般发生的三相设备上，虽然在触电事故数量上占有的比例不大，但由于发生两相事故时，人体不同的两个部位之间加载的电压为 380V 的线电压，所以造成的伤害会更大。

9.2 实训目的

了解人体发生单相触电、两相触电的具体原理，从而进一步思考采取何种措施预防此类触电事故的发生。

9.3 实训设备

（1）实训装置三相五线输出单元，如图 4-2 所示。

（2）实训挂箱五模拟人体触电单元，如图 4-12 所示。

（3）实训挂箱三低压模拟供电系统单元，如图 4-7 所示。

（4）万用表，连接导线若干。

9.4 实训内容

使用所给的实训设备连接线路，分别模拟人体单相触电［见图 1-2（a）］和两相触电（见图 1-3）的形式，并观察模拟触电现象。

（1）按照所给出的电路图（见图 9-1）接线，模拟单相触电形式。操作步骤如下：

1）将 220V 交流电从三相五线电源输出单元上接出，任选 U、V、W 三个相线端其中一端连接到实训挂箱四模拟供电系统中空气开关的 L 端，N 端（电源零线端）连接到空气开关的 N 端。

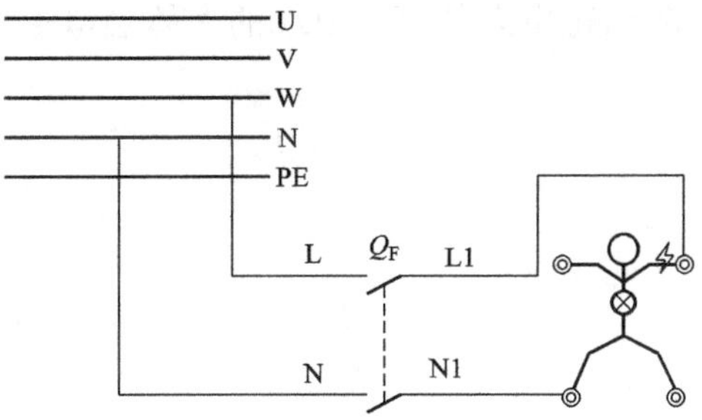

图 9-1　单相触电模拟

2）将实训挂箱四模拟供电系统中空气开关的 L1、N1 端连接到模拟人体触电单元单相触电模型上。

3）先用万用表测量出人体单相触电时的触电电压，再测量出当人体单相触电时流过人体的电流。

（2）按照图 9-2 所示的电路图接线，模拟两相触电形式。操作步骤如下：

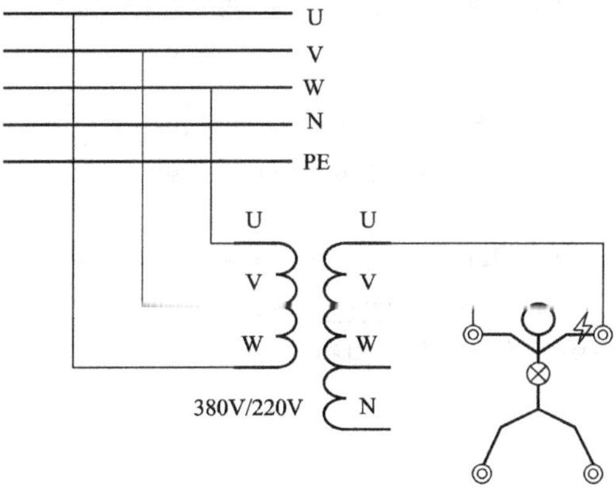

图 9-2　两相触电模拟

1）将 380V 交流电从三相五线电源输出单元上接出，U、V、W 三个相线端接到实训挂箱三低压模拟供电系统单元 380V/220V 变压器一次侧的 U、V、W 端。

2）将 380V/220V 变压器二次侧 U、V、W 端任选两相与人体触电单元两相触电模型相连。

3）先用万用表测量出人体两相触电时的触电电压，再测量出当人体两相触电时流过人体的电流。

9.5 实训报告

（1）简述除单相触电、两相触电之外可能出现的人体触电形式，以及发生的原因。

（2）测量在实训挂箱六在单相触电和两相触电（见图 9-3）时，模拟人体触电单元上的电压和电流。

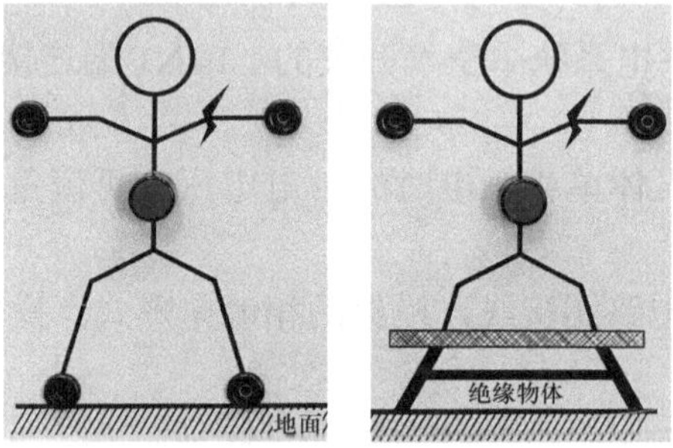

（a） （b）

图 9-3 单相触电及两相触电

（a）单相触电；（b）两相触电

单相触电：电压_______V，电流_______mA。

两相触电：电压_______V，电流_______mA。

（3）简述什么是单相触电，什么是两相触电。

（4）根据单相触电事故多发的原因，分析如何减小在日常生活中单相触电的发生概率。

实训 10 模拟人体跨步电压

10.1 实训前阅读

当电气设备发生接地短路故障时，电流流入大地形成电位分布，当人双脚踏入电位分布区域时，双脚之间形成电位差，这个电位差称为跨步电压。

除电气设备外，高压输电的架空线掉落也会形成跨步电压。架空线掉落地点与带电导线电动势相同，电流就会从导线的落地点向大地流散，于是地面上以导线落地点为中心，形成了一个电势分布区域，距离落地点越远，电流越分散，地面电动势也越低。如果人或牲畜站在距离落地点 8～10m 以内，就可能发生触电事故。

10.2 实 训 目 的

了解跨步电压如何产生，以及如何预防跨步电压。

10.3 实 训 设 备

（1）实训装置三相五线电源输出单元，如图 4-2 所示。
（2）实训挂箱一安全隔离变压器单元，如图 4-3 所示。
（3）实训挂箱二模拟跨步电压模拟单元，如图 4-6 所示。
（4）万用表，连接导线若干。

10.4 实 训 内 容

根据所给实训设备，连接回路（见图 10-1）测量跨步电压值（从中心点 O 到各电位点之间的电压值）。操作步骤如下：

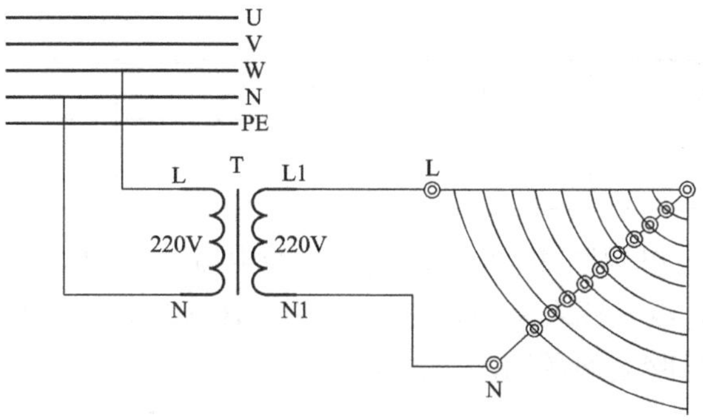

图 10-1 测量跨步电压值

（1）将 220V 交流电从三相五线电源输出单元上接出，任选 U、V、W 三个相线端其中一端连接到实训挂箱一安全隔离变压器一次侧 L 端，N 端（电源零线端）连接到隔离变压器一次侧 N 端。

（2）将安全隔离变压器二次侧 L1、N1 端分别连接到实训挂箱二模拟跨步电压单元 L、N 端。

（3）闭合电源空气开关，按下启动按钮，将隔离变压器一次侧开关闭合。

（4）闭合跨步电压模拟单元上的开关，用万用表交流电压挡测量从跨步电压模拟单元（见图 10-2）的中心点 *O* 到各电位点的电压值。

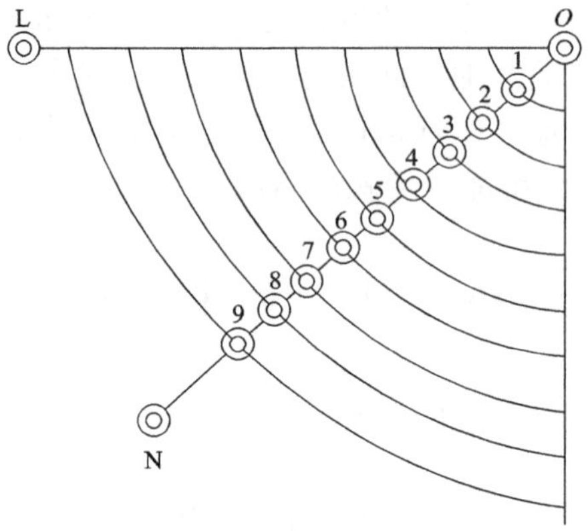

图 10-2 跨步电压模拟单元

10.5 实 训 报 告

（1）测量从中心点 *O* 到各电位点之间的跨步电压值并填写在表 10-1 中。

表 10-1 **测量出的跨步电压值**

电位点	*O*1	*O*2	*O*3	*O*4	*O*5
跨步电压值（V）					
电位点	*O*6	*O*7	*O*8	*O*9	
跨步电压值（V）					

（2）跨步电压现象可以用图 10-3 加以说明。图中原点 *O* 表示带电体接地或在流导线落地点，横坐标表示位置，纵坐标表示电位分布，在图 10-3 所示的电位分布曲线上标出人双脚之间的跨步电压 U_{K1} 和马蹄之间的跨步电压 U_{K2}。

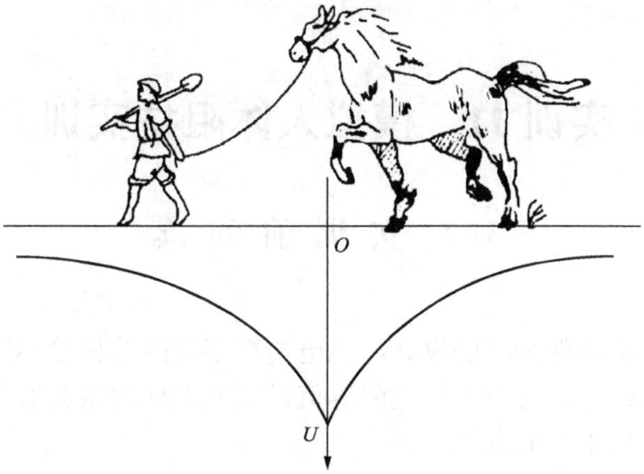

图 10-3　跨步电压触电

（3）简述如何预防跨步电压。

实训 11　模拟人体阻抗实训

11.1 实训前阅读

在电力系统接地，漏电保护器的设计，触电伤亡事故的分析等不同方面，均会涉及人体电阻及其等值电路问题；合理考虑人体电阻等值模型及人体电阻的取值，既可以减少工程投资，也可以避免人身触电事故的发生。

测试人体电阻，不同的研究者对其试验对象不同，得出的结论会有一定的差异，但有一点是相同的，即在工频（直流）情况下，均可视人体电阻为无感阻抗，常见的人体阻抗电路模型有弗莱贝尔加（H. Freiberger）等值电路模型、斯爱德巴姆（R. Scherbaum）等值电路模型、毕格麦亚（G. Biegelmeier）等值电路模型。

11.2 实训目的

了解人体电阻分布情况，以及影响人体电阻大小的因素。

11.3 实训设备

（1）实训挂箱五模拟人体阻抗单元中的人体电阻分布，如图 4-10 所示。

（2）万用表，连接导线若干。

11.4 实训内容

使用万用表的测量模拟人体阻抗单元中，从手到人体各部位的电阻值大小。操作步骤如下：

（1）将万用表挡位调到欧姆挡 200Ω 量程处，红色的表笔接入手上的端子，黑色的表笔接入需要测量点位的端子，待万用表显示数值稳定后再读数。

（2）如果万用表屏幕显示“OL”，说明待测电阻超出了万用表的当前量程，这时可以换一个大量程的挡位继续测量。

11.5 实训报告

（1）测量从手到人体各部位的电阻值大小并记录在表 11-1 中。

表 11-1　　人体电阻测量值　　Ω

测量位置	1	2	3	4	5
阻值					
测量位置	6	7	8	9	10
阻值					
测量位置	11	12	13		
阻值					

（2）简述影响人体电阻大小的因素有哪些。

（3）人体电阻若按人体各部长度及断面的情况考虑，可用图 11-1 表述。令手、足之间的全部电阻为 100%，则由图 11-1 可知，两足间电阻 $R_{足—足}=1.015R_{手—足}$；两手间电阻 $R_{手—手}=0.944R_{手—足}$；一手至双足的电阻为 $R_{手—双足}=[(47.2+1.3)+51.5/2]R_{手—足}=0.7425R_{手—足}$；双手至双足的电阻为 $R_{双手—双足}=(47.2/2+1.3+51.5/2)R_{手—足}=0.5065R_{手—足}$。人体电阻随触电电流通路不同，其值会有较大变化。

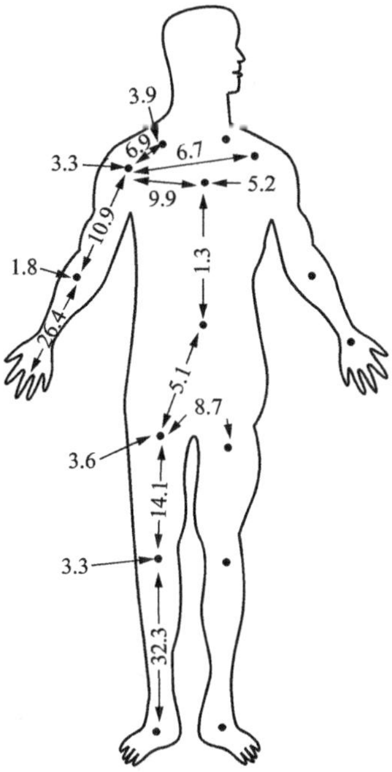

图 11-1　人体内部电阻的分布

根据上述材料中所叙述的内容，测量实训挂箱五上的人体电阻值，分别得出两足间电阻 $R_{足—足}$，两手间电阻 $R_{手—手}$，一手至双足间电阻 $R_{手—双足}$，双手至双足间电阻 $R_{双手—双足}$ 与 $R_{手—足}$ 的关系。

实训 12　电网 IT 接地系统模拟实训

12.1　实训前阅读

IEC60364 为了区分三类不同的接地系统，使用两个字母组成的代号 IT、TT 和 TN 来区分它们。第一个字母表示电源与地的关系：T 表示电源端有一个点直接接地；I 表示电源端所有带电部分不接地或有一点通过阻抗接地。第二个字母表示电气装置的外露可导电部与地的关系：T 表示电气装置外露可导电部分直接接地，此接地点在电气装置上独立于电源端的接地点；N 表示电气装置的外露可导电部分与电源端接地有直接电气连接。

电网 IT 接地系统如图 12-1 所示，电源端的中性点不接地或有一点通过阻抗接地，电气装置的外露可导电部分直接接地的配电系统，IT 系统一般为三相三线制。

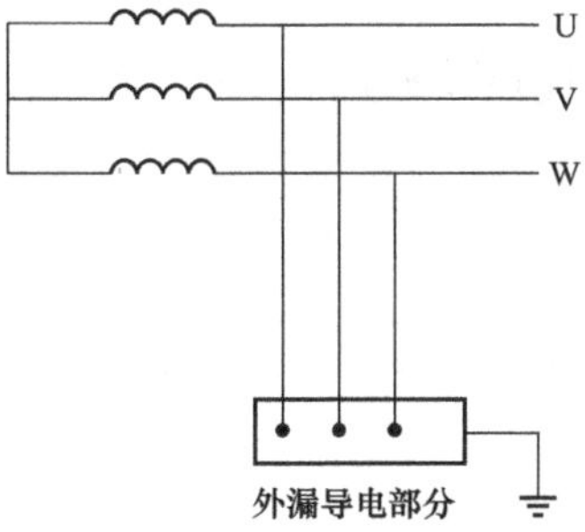

图 12-1　电网 IT 接地系统

12.2　实　训　目　的

了解 IT 系统构成及其工作特点。

12.3　实　训　设　备

（1）实训装置三相五线电源输出单元，如图 4-2 所示。

（2）实训挂箱三低压模拟供电系统单元，如图 4-7 所示。

（3）实训挂箱二三相负载单元，如图 4-5 所示。

（4）实训挂箱四模拟供电系统单元，如图 4-8 所示。

（5）万用表，连接导线若干。

12.4　实　训　内　容

（1）按照图 12-1 所示的电网 IT 接地系统图，连接线路构成 IT 系统。操作步骤如下：

1）将 380V 交流电从三相五线电源输出单元上接出，U、V、W 三个相线端接到实训挂箱三低压模拟供电系统单元 380V/220V 变压器一次侧的 U、V、W 端。

2）将 380V/220V 变压器二次侧 U、V、W 端分别连接到实训挂箱二三相负载单元 U、V、W 端。

3）装上负载（即节能灯）；闭合电源总开关，按下启动按钮，打开三相负载上的开关，观察节能灯能否正常点亮。

（2）在电网 IT 接地系统中，模拟单相接地故障。操作步骤如下：

1）在三相负载端任意一相叠加插入一条导线，导线的另一端接入万用表 mA 级接入端，将万用表 COM 端与实训挂箱四滑动变阻器 A 端用连接导线相连；将万用表调至 20mA 交流电挡位；最后将滑动变阻器 B 端连接到三相五线电源输出单元的 PE 端。

2）将滑动变阻器阻值调到最大，闭合电源总开关，按下启动按钮，打开三相负载上的开关；观测万用表所显示的电流值，并测量另外两相电压。

12.5 实训报告

（1）简述电网 IT 接地系统的优点和缺点。

（2）简述电网 IT 系统的使用场所。

（3）在电网 IT 系统中，分析当电气装置外壳接地、触摸设备外壳发生触电时的现象。

实训 13　电网 TT 接地系统模拟实训

13.1 实训前阅读

电网 TT 接地系统如图 13-1 所示，是将电气设备的金属外壳直接接地的保护系统，称为保护接地系统，也称 TT 系统。第一个符号 T 表示电力系统中性点直接接地；第二个符号 T 表示负载设备外露不与带电体相连接的金属导电部分与大地直接连接。

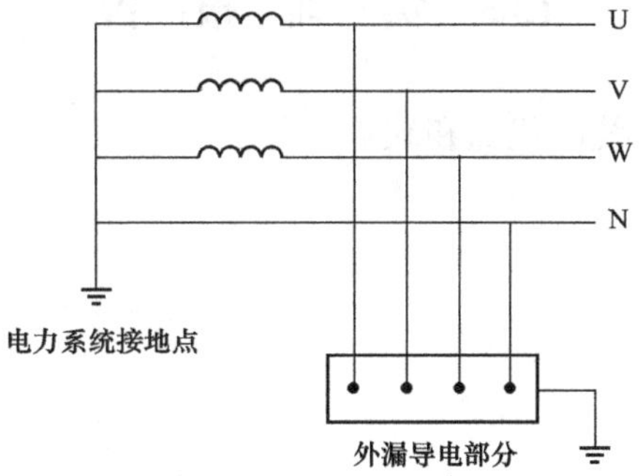

图 13-1　电网 TT 接地系统

13.2 实训目的

了解 TT 系统构成及其工作特点。

13.3 实训设备

（1）实训装置三相五线电源输出单元，如图 4-2 所示。
（2）实训挂箱三低压模拟供电系统单元，如图 4-7 所示。
（3）实训挂箱二三相负载单元，如图 4-5 所示。
（4）实训挂箱四模拟供电系统单元，如图 4-8 所示。
（5）万用表，连接导线若干。

13.4 实训内容

（1）按照图 13-1 中所示的电网 TT 接地系统图，连接线路构成 TT 系统，操作步骤如下：

1）将 380V 交流电从三相五线电源输出单元上接出，U、V、W 三个相线端接到实训挂箱三低压模拟供电系统单元 380V/220V 变压器一次侧的 U、V、W 端。

2）将 380V/220V 变压器二次侧 U、V、W、N 端分别连接到实训挂箱二三相负载单元 U、

V、W、N端。

3）装上负载（即节能灯）；闭合电源总开关，按下启动按钮，打开三相负载上的开关，观察节能灯能否正常点亮。

（2）在电网TT接地系统中，模拟单相接地故障。操作步骤如下：

1）在三相负载端任意一相叠加插入一条导线，导线的另一端接入万用表mA级接入端，将万用表COM端与实训挂箱四滑动变阻器A端用连接导线相连；将万用表调至20mA交流电挡位；最后将滑动变阻器B端连接到三相五线电源输出单元的PE端。

2）将滑动变阻器阻值调到最大，闭合电源总开关，按下启动按钮，打开三相负载上的开关；观测万用表所显示的电流值，并测量另外两相电压。

13.5 实训报告

（1）简述电网TT接地系统的优点和缺点。

（2）简述电网TT系统的使用场所。

（3）在电网IT系统中，分析当电气装置外壳接地，触摸设备外壳发生触电时的现象。

实训 14　电网 TN 接地系统模拟实训

14.1 实训前阅读

TN 方式第一个符号 T 表示电力系统中性点直接接地；第二个符号 N 表示负载设备外露不与带电体相接的金属导电部分与零线 N 直接连接。

TN 方式供电系统中，根据其保护零线是否与工作零线分开而划分为 TN-C、TN-S、TN-C-S 供电系统。

1. TN-C 供电系统

TN-C 供电系统（见图 14-1）用工作零线兼作接零保护线，可以称作保护中性线，用 PEN 表示；利用中性点接地系统的中性线（零线）作为故障电流的回流导线，当电气设备相线碰壳，故障电流经零线回到中点，由于短路电流大，因此可采用过电流保护器切断电源，一般采用零序电流保护。

TN-C 供电系统使用于三相负荷基本平衡场合，如果三相负荷不平衡，则 PEN 线中有不平衡电流，再加一些负荷设备会引起谐波电流也会注入 PEN，从而使中性线 N 带电，且极有可能高于 50V，不但使设备机壳带电，危及人身安全，而且无法取得稳定的基准电位。所以 TN-C 系统应将 PEN 线重复接地，其作用是当零线的设备发生相线与外壳接触时，可有效地降低零线对地电压。

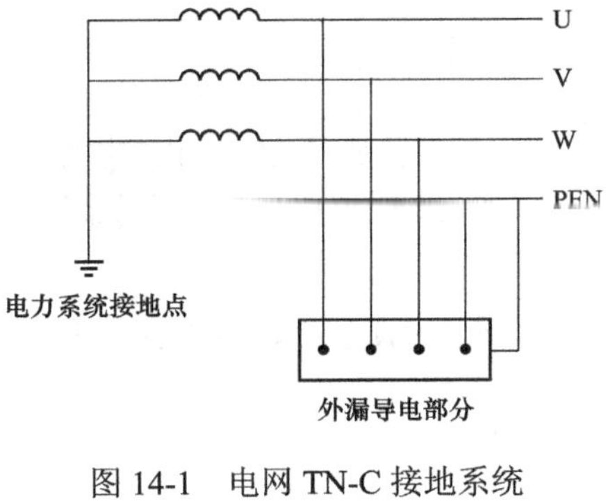

图 14-1　电网 TN-C 接地系统

2. TN-S 供电系统

TN-S 供电系统（见图 14-2）是把工作零线 N 和专用保护线 PE 严格分开的供电系统。当电气设备相线碰壳，直接短路，可采用过电流保护器切断电源；当 N 线断开，若三相负荷不平衡，中性点电位升高，但外壳无电位，PE 线也无电位；TN-S 系统 PE 线首末端应重复接地，以减少 PE 线断线造成的危险。

3. TN-C-S 供电系统

在建筑施工临时供电中，如果前部分是 TN-C 方式供电，而施工规范规定施工现场必须采用 TN-S 方式供电系统，则可以在系统后部分现场总配电箱重复接地处分出 PE 线。

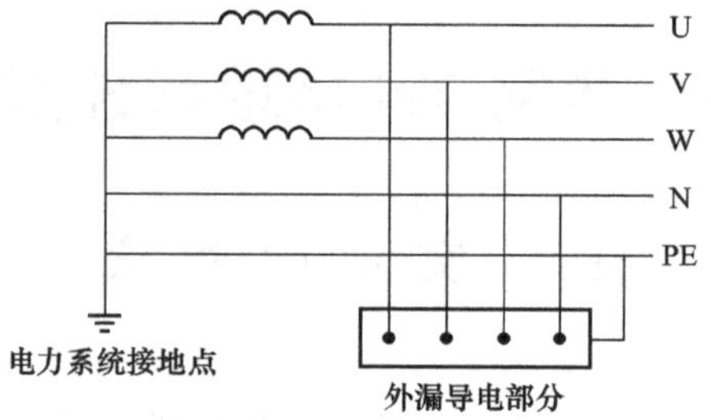

图 14-2 电网 TN-S 接地系统

TN-C-S 供电系统（见图 14-3）由两个系统组成，第一部分是 TN-C 系统，第二部分是 TN-S 系统，其分界面在 N 与 PE 线的连接点。其特点如下：

（1）当电气设备发生单相碰壳，同 TN-S 系统。

（2）当 N 线断开，故障同 TN-S 系统。

（3）TN-C-S 系统中 PEN 应重复接地，而 N 线不宜重复接地。

（4）PE 线连接的设备外壳在正常运行时始终不会带电，所以 TN-C-S 系统提高了操作人员及设备的安全性。当施工现场距离变电站较远或没有施工专用变压器时，采取 TN-C-S 系统。

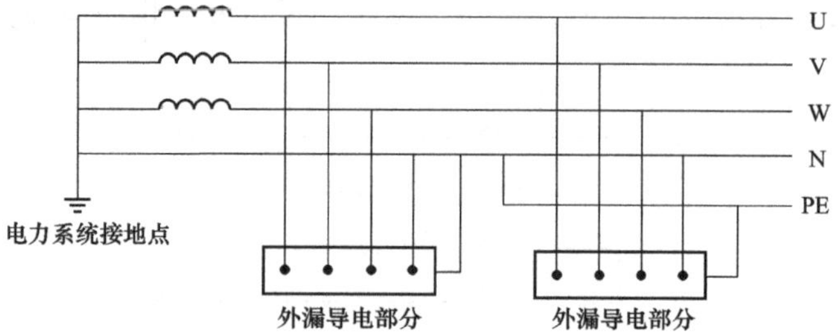

图 14-3 TN-C-S 系统的接线方式

14.2 实训目的

了解 TN 系统的构成，以及 TN-S、TN-C 系统的特点。

14.3 实训设备

（1）实训装置三相五线电源输出单元，如图 4-2 所示。

（2）实训挂箱三低压模拟供电系统单元，如图 4-7 所示。

（3）实训挂箱二三相负载单元，如图 4-5 所示。

（4）实训挂箱四模拟供电系统单元，如图 4-8 所示。

（5）万用表，连接导线若干。

14.4 实 训 内 容

（1）按照实训挂箱三低压模拟供电单元中 TN-C 接线图，将模拟供电系统构成 TN-C 系统并接入实训挂箱二三相负载端。

（2）按照实训挂箱三低压模拟供电单元中 TN-S 接线图，将模拟供电系统构成 TN-S 系统并接入实训挂箱二三相负载端。

（3）将 TN-C 接线图直接转换成 TN-S。

（4）在 TN-C、TN-S 接线图中，将 PEN、N 线中分别接入交流电流表，见图 14-1 和图 14-2，测量电流值，关闭其中任一灯泡，并测量中线电流。

（5）在 TN-C、TN-S 接线图中，断开 PEN、N 线，测量负载中性点电压，关闭其中任一灯泡，并测量中线 PEN、N 线端电压。

14.5 实 训 报 告

（1）简述 TN-C 系统的使用场所及其存在的缺陷。

（2）简述 TN-S 系统的使用场所及注意事项。

（3）为什么同一用电系统中的电气设备绝对不允许部分接地、部分接零？

（4）TN 系统中若保护零线断开会出现什么后果？

实训 15　供电系统中的模拟设备漏电实训

15.1 实 训 前 阅 读

在供电系统中，特别是 TN-S 系统中，保护接地（即 PE 端）不允许接入熔断器。若保护接地断线情况下接零设备发生带电部分碰壳或是漏电时，就不构成单相回路，电源不会自动切断，则会产生两个后果：一个是接地设备失去安全保护；二是使后面的其他接地完好的设备外壳带电，引起大范围的电气设备外壳带电，造成可怕的触电威胁。

15.2 实 训 目 的

进一步了解 TN 系统的构成，观测在 TN-S、TN-C 系统中的设备漏电现象。

15.3 实 训 设 备

（1）实训装置三相五线电源输出单元，如图 4-2 所示。

（2）实训挂箱七模拟设备漏电单元，如图 4-13 所示。

（3）万用表，连接导线若干。

15.4 实 训 内 容

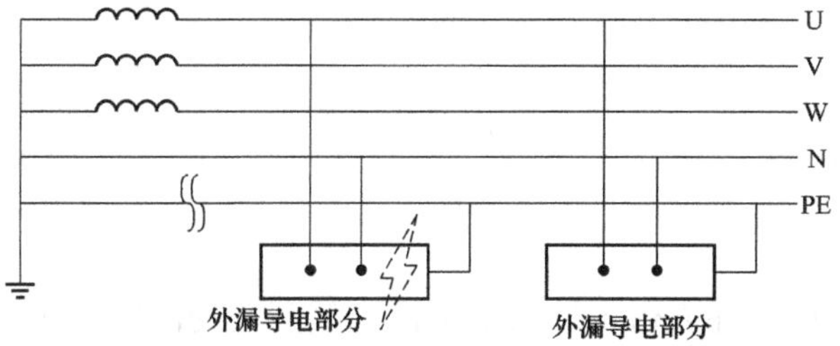

图 15-1　TN-S 供电系统中保护零线断线导致设备漏电

（1）根据图 15-1 所示线路图连接线路。操作步骤如下：

1）将 220V 交流电从三相五线电源输出单元（即 TN-S 系统）上接出；任选 U、V、W 三个相线端其中一端连接到实训挂箱七两路模拟漏电设备模块的 L 端，N 端（电源零线端）连接到两路模拟漏电设备模块的 N 端。

2）断开 TN-S 系统 PE 线到两路模拟漏电设备模块 PE 之间的导线，两模拟漏电设备之间的接地保护 PE 仍然连接在一起，并在接地保护 PE 之间串联一个万用表测量电流。

（2）在系统与设备间保护接地断线的情况下，当其中一个设备漏电时，观察现象。操作步骤如下：

1）按下一个模拟漏电设备上的按钮，观测设备外壳同时带电的现象。

2）再按下另一个模拟漏电设备上的按钮，观测设备外壳同时带电的现象。

15.5 实训报告

（1）当按下模拟设备漏电按钮时，观察并记录万用表上的电流大小。简述在此电流下可能会给人体带来什么伤害。

（2）简述电气设备外壳带电的原因，并给出解决方法。

（3）为什么在电气设备外壳带电的情况下，空气开关的漏电保护装置却不动作？

实训 16　漏电保护器原理模拟实训

16.1　实训前阅读

漏电保护器主要包括检测元件（零序电流互感器）、中间环节（包括放大器、比较器、脱扣器等）、执行元件（主开关）、试验元件等几个部分。

单相回路供电系统的漏电保护器工作原理示意如图 16-1 所示。其中，TA 为零序电流互感器，GF 为主开关，TL 为主开关的分离脱扣线圈。

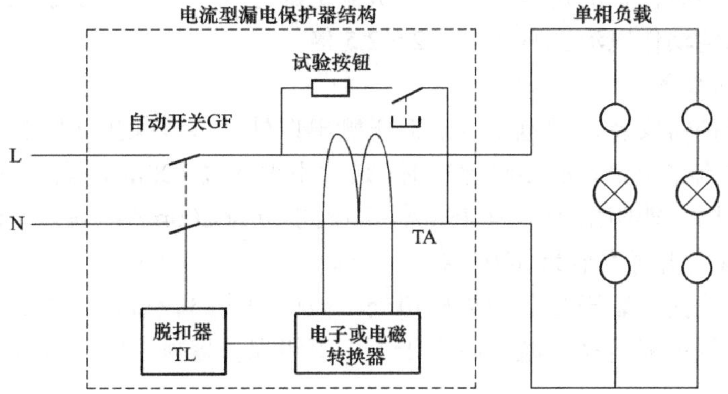

图 16-1　漏电保护器工作原理示意

在被保护电路工作正常，没有发生漏电或触电的情况下，由克希夫定律可知，通过 TA 一次侧的电流量和等于零。即这样 TA 的二次侧不产生感应电动势，漏电保护器不动作，系统保持正常供电。

当被保护电路发生漏电或有人触电时，由于漏电电流的存在，通过 TA 一次侧各相电流的相量和不再等于零，产生了漏电电流。在铁芯中出现了交变磁通。在交变磁通作用下，TA 的二次侧产生了感应电动势，此漏电信号经中间环节进行处理和比较，当达到预定值时，使主开关分离脱扣器线圈 TL 通电，驱动主开关 GF 自动跳闸，切断故障电路，从而实现保护。

1. 使用场所

（1）属于 I 类的移动式电气设备及手持式电动工具。I 类电气产品，即产品的防电击保护不仅依靠设备的基本绝缘，而且还包含一个附加的安全预防措施，如产品外壳接地。

（2）安装在潮湿、强腐蚀性等恶劣场所的电气设备。

（3）建筑施工工地的电气施工机械设备。

（4）暂设临时用电的电气设备。

（5）宾馆、饭店及招待所的客房内插座回路。

（6）机关、学校、企业、住宅等建筑物内的插座回路。

（7）游泳池、喷水池、浴池的水中照明设备。

（8）安装在水中的供电线路和设备。

（9）医院中直接接触人体的电气医用设备。

（10）其他需要安装漏电保护器的场所。

2. 漏电保护器额定漏电动作电流的选择

正确合理地选择漏电保护器的额定漏电动作电流非常重要。一方面在发生触电或泄漏电流超过允许值时，漏电保护器可有选择地动作；另一方面，漏电保护器在正常泄漏电流作用下不应动作，防止供电中断而造成不必要的经济损失。

漏电保护器的额定漏电动作电流应满足以下三个条件：

（1）为了保证人身安全，额定漏电动作电流应不大于人体安全电流值。国际上公认 30mA 为人体安全电流值。

（2）为了保证电网可靠运行，额定漏电动作电流应避开低压电网正常漏电电流。

（3）为了保证多级保护的选择性，下一级额定漏电动作电流应小于上一级额定漏电动作电流，各级额定漏电动作电流应有级差 1.2～2.5 倍。

3. 多级保护的配置方式

第一级漏电保护器安装在配电变压器低压侧出口处。该级保护线路长，漏电电流较大，其额定漏电动作电流在无完善的多级保护时，最大不得超过 100mA；具有完善的多级保护时，漏电电流较小的电网，非阴雨季节为 75mA，阴雨季节为 200mA；漏电电流较大的电网，非阴雨季节为 100mA，阴雨季节为 300mA。

第二级漏电保护器安装于分支线路出口处，被保护线路较短，用电量不大，漏电电流较小。漏电保护器的额定漏电动作电流应介于上、下级保护器额定漏电动作电流之间，一般取 30～75mA。

第三级漏电保护器用于保护单个或多个用电设备，是直接防止人身触电的保护设备。被保护线路和设备的用电量小，漏电电流小。一般不超过 10mA，宜选用额定动作电流为 30mA，动作时间小于 0.11s 的漏电保护器。

16.2 实 训 目 的

了解电流型漏电保护器原理，掌握漏电保护器接线方式。

16.3 实 训 设 备

（1）实训装置三相五线电源输出单元，如图 4-2 所示。

（2）实训挂箱一安全隔离变压器单元，如图 4-3 所示。

（3）实训挂箱二三相负载单元，如图 4-5 所示。

（4）实训挂箱四模拟供电系统单元，如图 4-8 所示。

（5）定值电阻，如图 4-9 所示。

（6）万用表，连接导线若干。

16.4　实 训 内 容

（1）按照线路图 16-2 所示，使用所给的实训设备连接线路，模拟供电系统单元（见图 4-8）上的电流型漏电保护器能否正常工作。操作步骤如下：

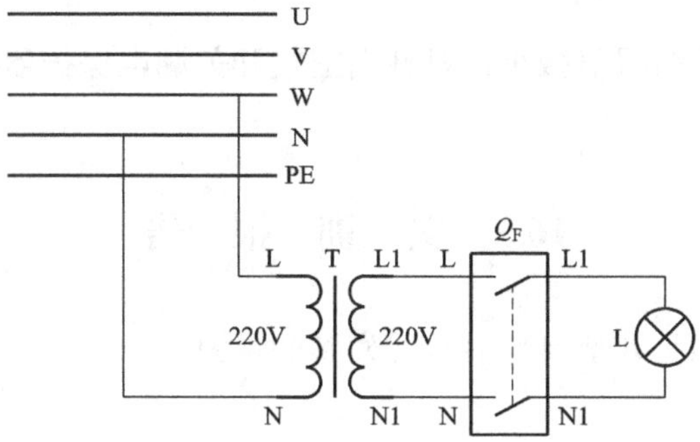

图 16-2　空气开关漏电保护测试回路

1）将 220V 交流电从三相五线电源输出单元上接出，任选 U、V、W 三个相线端其中一端连接到实训挂箱一安全隔离变压器一次侧 L 端，N 端（电源零线端）连接到隔离变压器一次侧 N 端；将安全隔离变压器二次侧 L1、N1 端分别连接到实训挂箱四模拟供电系统中空气开关的 L、N 端。

2）将挂箱四模拟供电系统中空气开关的 L1、N1 端分别连接到挂箱二三相负载其中任意一相负载（U、V、W 皆可）与 N 端（零线端），装上节能灯。

3）闭合三相五线电源输出单元上的电源总开关，按下启动按钮，将隔离变压器一次侧开关闭合，闭合低压模拟供电系统单元上的空气开关，打开三相负载端开关；观察节能灯能否点亮。

4）按下模拟开关试验按钮观察现象。

（2）按照线路图 16-3 所示，使用所给的实训设备连接线路，检测模拟供电系统单元（见图 4-8）上的电流型漏电保护器的动作电流是否达到设计标准。操作步骤如下：

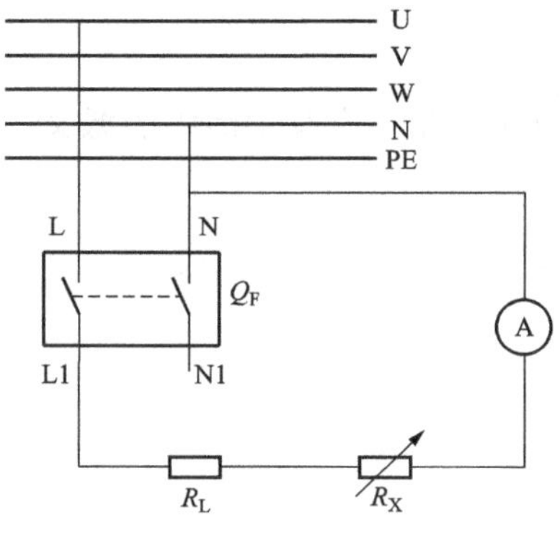

图 16-3　空气开关动作电流检测回路

1）将 220V 交流电从三相五线电源输出单元上接出，任选 U、V、W 三个相线端其中一端连接到实训挂箱四模拟供电系统中空气开关的 L 端，N 端（电源零线端）连接到空气开关的 N 端。

2）将空气开关的 L1 端接出的导线与定值电阻 D 端相连，E 端与滑动电阻的 A 端相连，B 端与万用表 mA 级的接入端相连，COM 端与空气开关的输入端 N 相连。

3）将滑动变阻器的阻值调到最大，将万用表挡位旋钮调至交流 200mA 挡位，启动设备电源，将空气开关闭合。

4）逐渐将滑动变阻器的阻值减小，观测当空气开关漏电保护器动作时，万用表上所显示的电流值。

16.5 实训报告

（1）简述实训内容（1）步骤 4）中所观察到的现象。

（2）实训内容（2）步骤 4）中所观测到的漏电保护器动作电流大小是多少？该漏电保护器是否符合设计标准？

（3）简述漏电保护器的使用在工业生产及生活中的意义。

参 考 文 献

[1] 陈雅萍．电工技能与实训［M］．北京：高等教育出版社，2009．
[2] 于晓春．电工电子实训指导书［M］．徐州：中国矿业大学出版社，2011．
[3] 李先文．浅析单相用电设备触电原因及预防［J］．建筑安全，1998（03）：44-45．
[4] 马剑．浅谈漏电保护器的工作原理和应用［J］．科技信息，2007（08）：83，217．
[5] 李应范．兆欧表的工作原理及应用［J］．家电检修技术，2007（14）：52-54．
[6] 高喜范．隔离变压器原理及其应用［J］．内蒙古石油化工，2012，38（11）：17．
[7] 孙忠义．安全电压的正确认识和应用［J］．安徽冶金科技职业学院学报，2010，20（03）：65-67．